北京市地方标准

DB11/T 1069-2014

《民用建筑信息模型设计标准》导读

GUIDES FOR "BUILDING INFORMATION MODELING DESIGN
STANDARD FOR CIVIL BUILDING"

北京《民用建筑信息模型设计标准》编制组　编著

中国建筑工业出版社

图书在版编目（CIP）数据

《民用建筑信息模型设计标准》导读／北京《民用建筑信息模型设计标准》编制组编著. — 北京：中国建筑工业出版社，2014.8
（中国BIM丛书）
ISBN 978-7-112-17126-2

Ⅰ.①民…　Ⅱ.①北…　Ⅲ.①民用建筑 — 信息管理 — 设计标准 — 中国　Ⅳ.①TU24-65

中国版本图书馆CIP数据核字（2014）第162302号

责任编辑：唐　旭　杨　晓
责任校对：李美娜　党　蕾

中国BIM丛书

北京市地方标准

DB11／T 1069—2014

《民用建筑信息模型设计标准》导读

北京《民用建筑信息模型设计标准》编制组　编著

*

中国建筑工业出版社出版、发行（北京西郊百万庄）
各地新华书店、建筑书店经销
北京京点图文设计有限公司制版
北京方嘉彩色印刷有限责任公司印刷

*

开本：880×1230毫米　1/16　印张：9　字数：200千字
2014年8月第一版　2014年8月第一次印刷
定价：**58.00**元
ISBN 978-7-112-17126-2
（25909）

《〈民用建筑信息模型设计标准〉导读》编写单位及人员

主编单位

北京市勘察设计和测绘地理信息管理办公室

北京工程勘察设计行业协会

参编单位

清华大学 BIM 课题组

北京市建筑设计研究院有限公司

中国建筑设计研究院

悉地（北京）国际建筑设计顾问有限公司

北京城建设计发展集团股份有限公司

北京市住宅建筑设计研究院有限公司

中国中元国际工程公司

北京市市政工程设计研究总院有限公司

北京市勘察设计研究院有限公司

北京市测绘设计研究院

编写顾问

叶大华　曲际水　顾　明　欧阳东　叶　嘉

主编人员

张弘弢　梁　进　于　洁　匡嘉智　卜一秋　刘玉身　王文军　马玉骏　高　洋

参编人员

唐　琼　李明华　李宏业　张志尧　李　扬　陈丽萍　陈德成　王煜泉　陈　辰
陈　宜　樊　珣　何　喆　侯晓明　孔　嵩　李晨曦　李　淦　李华峰　李建波
李志文　刘永婵　罗　威　龙湘珍　吕　晓　栾　春　马晓钧　沙椿健　石　磊
王春光　王　肃　王　希　杨国华　杨燕村　赵　超　肖　阳　邹红云

前　言

在 2010～2011 年开展的"总结十一五"和"规划十二五"的调研中，了解到我行业加强信息化建设的工作取得了长足发展，特别是一批先进设计企业，BIM 设计应用研究取得突破性进展。这使大家认识到，BIM 的推广和普及，是行业继 CAD 之后，面临的又一次意义更为重大的设计理念、方法和手段的革命，是关乎引领行业未来发展的制高点，抢占这一制高点，就能掌控未来发展的主动权。这对于行业"十二五"期间的转型优化升级，落实北京"人文、科技、绿色"建设发展战略部署和智慧北京建设，以及全国新型城镇化建设，都将具有积极的、现实与深远的意义。因此，北京工程勘察设计行业协会及时向政府主管部门建议，把以标准化建设带动 BIM 技术的应用推广作为"十二五"期间的重点工作之一。此建议得到了北京市规划委员会、市勘察设计和测绘地理信息管理办公室和市城乡规划标准化办公室的支持。编制 BIM 设计标准，既是落实住房和城乡建设部《2011-2015 年建筑业信息化发展纲要》、《北京市"十二五"时期勘察设计行业发展规划》和《北京市"十二五"时期城乡规划标准化工作规划》的具体举措，也是行业的自觉要求和行为。

为此，2011 年北京工程勘察设计行业协会及时成立信息化建设工作委员会，团结、凝聚行业内从事 BIM 设计的精英、专家，筹备组建承担标准编制的课题团队。2012 年编写《BIM 标准编制可行性研究》和《开题报告》，其间得到了清华大学 BIM 课题组的鼎力支持和指导。2013 年 1 月由北京市质量技术监督局批准正式立项。北京市地方标准《民用建筑信息模型设计标准》（以下简称《标准》）是以清华大学 BIM 课题组完成的国家重点课题研究成果《中国建筑信息化技术发展战略研究》和《中国建筑信息模型标准框架研究（CBIMS）》为理论支撑，以北京工程勘察设计行业"十一五"以来 BIM 设计技术的实践成果和经验总结为核心，参考借鉴国外的相关标准和成果，结合北京市城乡建设发展的需求，由北京市勘察设计和测绘地理信息管理办公室和北京工程勘察设计行业协会主持，是行业中 9 家设计企业和清华大学 BIM 课题组 10 家单位的 BIM 专家组成的课题组编制完成的，对我行业迄今以来取得的实践成果进行认真的分析、研讨、总结和提炼，达成共识，使感性的经验提升为系统的、理性的标准。其间聘请邵伟平、欧阳东、罗能钧、陈宇军、魏嵩川、薛峰、杨秀仁、王刚和杨郡组成专家组，对《标准》的讨论稿、征求意见稿和报审稿进行了多次评审；还与国家标准编制组的专家进行了深入的交流沟通，为地方标准与国家标准之间，在原则和内容上的融贯创造了条件。前后十易其稿，完成了《标准》报批稿。2014 年 2 月 26 日由北京市规划委员会和北京市质量技术监督局联合发布，9 月 1 日起正式实施。《标准》共分六章，主要内容包括：总则、术语、基本规定、资源要求、BIM 模型深度要求、交付要求，适用于新建、改建、扩建的民用建筑中的基于 BIM 的设计，是北京民用建筑设计中 BIM 应用的通用原则和基础标准，也是国内第一部正式颁布实施的 BIM 标准。

《标准》中首先对相关术语进行了严谨的规范，以保证对 BIM 相关概念建立统一的正确理解；其次对《标准》的核心内容做了原则明确、表达清晰的相应规定；三是较适宜地把握 BIM 技术在当前阶段的现实性与发展的前瞻性的关系，在遵从现行行业标准规范的衔接上，如对应现行设计阶段划分提出的 BIM 模型深度的表达，有独特创新。

由于 BIM 技术尚处于应用推广的初期，BIM 技术本身也还在发展之中，一些内容还没有形成定论和统一的意见，还需要普及性阐述。为此，《标准》编制组又开始编写与《标准》相互配合的北京市地方标准《〈民用建筑信息模型设计标准〉导读》（以下简称《导读》），这是标准编制中的创新。《导读》通过列举案例的方式，对《标准》的内容进行较为具体深入的解读，并增加标准实施的可操作性。《导读》包括绪论、资源要求、BIM 模型与信息要求、交付要求和应用实证五章。第一章绪论中对于正确理解 BIM 和 BIM 技术的特点和价值，正确理解 BIM 标准和《民用建筑信息模型设计标准》的核心内容做了深入的阐述，是 BIM 技术应用的认识篇。第二、三、四章分别对应《标准》的四、五、六章，在对对应的章节条款的解读中，增加了相关案例和解决方案的说明，供学习使用者参考。第五章列举了 11 项本行业近些年来完成的 BIM 设计的优秀项目作为案例，通过点评和解析，既可以通过这些实际应用，加深对《标准》理解，又可以对照《标准》学习 BIM 设计应用的实际方法。需要说明的是，由于《标准》是北京市地方标准，《导读》中所列举的案例和软件都是北京工程勘察设计行业中企业 BIM 设计实践的成果和应用软件的客观总结和描述。由此可知，《导读》既是《标准》宣贯和培训的教材，又可以看作《标准》的实施导则。同时，该成果是"十二五"国家科技支撑计划项目（编号：2012BAJ03B07）的配套内容之一，对促进国家科技进步具有积极意义。

在当前 BIM 技术还处于方兴伊始的阶段，编制《标准》，是一次大胆有益的尝试。归纳起来有三个方面的收获：一是收获了一项国内首次颁布实施的 BIM 标准创新成果——《标准》+《导读》，对于促进北京地区的 BIM 技术应用、推广和普及，民用建筑工程综合质量与效益的提升，行业和企业转型优化升级，进而对 BIM 技术向产业链前后的延伸与深化都会起到积极的推动和引领作用，反映了我行业当前信息模型技术应用的先进水平。二是在编制的方法上采取了行业与大学的联合协作，同时与开发、建造、管理、运维以及国家标准编制和软件公司的专家进行交流，集产、学、研、用相结合的方式，较准确地把握了标准的适宜性、可操作性和与相关方的协调性。三是以标准编制为纽带，凝聚了一批工作在 BIM 技术研究与应用第一线的年富力强、无私开放、严谨求实、充满活力和拼搏精神的精英专家，他们不仅在《标准》和《导读》的编制中付出了艰辛而富有成效的努力，而且在《标准》的培训、咨询和修编，乃至在引领行业长期的创新发展上，都将会发挥积极的作用。谨代表编制《标准》的主持方，向《标准》和《导读》

的参编专家、参与论证和交流研讨的专家和全体编写人员表示衷心的感谢！向在编制全过程中专家们所表现出的专业素养和责任心表示崇高的敬意！向无私贡献了 BIM 技术研究成果与应用案例及宝贵经验的清华大学 BIM 课题组和北京市建筑设计研究院有限公司、中国建筑设计研究院、悉地（北京）国际建筑设计顾问有限公司、北京城建设计发展集团股份有限公司、北京市住宅建筑设计研究院有限公司等设计企业表示衷心感谢和敬意！

BIM 技术作为一项新的概念和新的技术，理论和实践都在探索和发展之中，《导读》的内容肯定会有有待商榷的地方，应用案例的介绍也会有以偏概全之处，希望读者发现编写中的错误，及时向编写组反馈，便于我们在《标准》的修编再版或《导读》的再版时更正。

曲际水

北京工程勘察设计行业协会

2014 年 7 月 1 日

目　　录

北京《民用建筑信息模型设计标准》编制组　编著

第一章 绪论

信息技术作为新兴生产力的突出代表，极大地推动了经济发展和社会进步，改变了人们的工作方式、生活方式和价值观念，并推进全球性的产业革命，推动着工业社会向信息社会转变，这已是全社会的基本认同和普遍共识。近二十年来，信息模型技术的普及应用改变了全球各领域的发展进程。汽车、航空、航天、船舶等工业领域的高速发展都受益于这项技术的全面应用，其生产能力得到极大提高。同样，我国工程建设领域的发展变化也正深刻体现着这种社会发展的基本趋势，建筑信息模型技术（BIM）的应用，既是一次以信息技术为核心的技术飞跃，也是产业变革的强大推动力。它代表了我国建筑信息技术发展的基本方向，并直接促成每一个专业领域的深刻变化。

勘察设计作为工程建设领域信息技术密集程度最高的行业，十多年前就开展了建筑信息模型技术的应用，逐步积累了很多实践经验。事实证明，建筑信息模型（BIM）技术的普及应用将会带来设计资源共享、业务流程再造、经营模式创新、企业业务价值链重组等一系列重大变化，它是勘察设计行业及民用建筑设计单位先进生产力的表现之一。但是，在过去建筑信息模型（BIM）技术的应用实践中，出现了对 BIM 技术认识不统一、应用条件不规范、缺少实施标准等基础性问题，使得 BIM 技术的普及遇到不少困难和阻力。为适应北京科技发展需要，针对北京地区建筑设计单位 BIM 技术全面应用的实际情况，北京市勘察设计和测绘地理信息管理办公室、北京工程勘察设计行业协会主持开展了 BIM 标准的基础研究，并与清华大学 BIM 课题组深入合作，组织北京地区主要的民用建筑设计院的相关专家组成 BIM 标准编制组，编写北京市地方行业标准《民用建筑信息模型设计标准》。这是落实北京市"十二五"期间勘察设计行业发展规划、推动 BIM 技术的全面应用、提升行业信息化水平的重要基础工作，是北京勘察设计行业及民用建筑设计单位基于 BIM 技术实现建筑信息化快速发展的重要手段和必要保证。

为了帮助设计单位和设计人员正确理解和更好地贯彻实施《民用建筑信息模型设计标准》（简称《标准》），编制组根据《标准》的总体框架和基本逻辑关系，编写了《〈民用建筑信息模型设计标准〉导读》（简称《导读》），作为《标准》的辅助材料。在《导读》中一方面对相关概念进行较为深入的解读和阐述，另一方面将一些目前尚在讨论中的前瞻性问题，提供给大家作为 BIM 应用的参考。《导读》对《标准》中的资源要求、模型深度要求、交付要求的重要条文，从案例实证的角度加以说明，使得刚开始开展 BIM 技术应用的企业能够快速上手、已经有 BIM 应用经验的企业推进更加规范和高效。

1.1 BIM 技术

1.1.1 正确认识 BIM

在现实中人们经常简单地把 BIM 工具化、功能化，或单纯地理解为三维模型。这种对 BIM 较为初级的认识，使人们难于正确地理解 BIM 和 BIM 的价值。为此，在《标准》中，编写组从 BIM 的本质出发给出了 BIM 的准确定义：即建筑信息模型技术（BIM）是利用软硬件技术，通过建筑信息模型的创建和使用，实现建筑信息有效传递和共享的技术，它同时也是建筑开发、建筑设计、建筑施工及建筑运维基于建筑信息模型技术（BIM）的过程和方法，并且贯穿于建筑的全生命期。在这个定义中，首先明确 BIM 的应用条件是软硬件技术，特别是软件技术；其次说明 BIM 的应用核心是信息模型的创建和信息模型的使用；第三强调 BIM 的应用目的是实现建筑信息的有效传递和共享；第四表述 BIM 与建筑开发、设计、施工、运营、改建拆除的业务流程、组织结构、工作方法相关联，体现了工程建设的过程和方法；最后强调所有这一切贯穿在建筑从摇篮到坟墓的整个生命期中。这使我们对 BIM 有了一个统一的理解和认识，这是《标准》总则、术语、基本规定中，要阐述的重要概念，需要我们深入地理解。

1.1.2 正确理解 BIM 的技术特点和应用价值

我们从 BIM 的概念中认识到 BIM 不是单纯的工具，也不是几个简单的功能。那么如何理解 BIM 的技术特点和应用价值，是《标准》编写组在标准制定中必须回答的问题，依据 CBIMS（中国建筑信息模型标准框架研究）的理论，我们可以从与 BIM 相关的三个基本维度来理解 BIM 的技术特点和应用价值。

1. BIM 的技术维度

BIM 是一系列先进信息技术的集大成，是 IT 技术的综合运用。它已经成为我国建筑行业信息化重要的支撑性技术，包括：

（1）CAD 与图形学技术，如：曲线曲面造型技术、参数化技术、真实感图形学技术等；（2）语义与知识表示技术，如：语义计算、本体论技术、语义 Web、共享资源库等；（3）集成与协同技术，如：CSCW 技术、数据库技术、中间件技术、软件服务技术等。

这些技术构成了 BIM 技术的核心内容，是 BIM 实施的重要基础和技术条件。

2. BIM 的过程维度

BIM 贯彻的是服务建设项目"从摇篮到坟墓"的思想，把整个项目从开发、设计、施工、运营直至改建拆除的整个过程作为服务对象，并在各个阶段发挥不同的作用。用 BIM 创建和组织起建筑全生命期的完整信息与信息流，并与建筑的实体生命期完全对应。我们把这个完整过程称为 BIM 的过程维度，它主要包括开发、设计、施工、运营四个阶段。随着 BIM 应用的深化，这个维度还可以细化为更多的阶段。

（1）开发阶段。BIM 的应用主要包括建设项目研究、策划、规划等环节，帮助业主在项目执行前提出经济、社会、环境效益最大化的方案，把握好产品和市场之间的关系。这一阶段重点包含方案快速生成、规划方案分析、开发动态模拟、投资与成本控制等。

（2）设计阶段。BIM 的实施，将建设项目的预期结果在数字环境下提前实现，使设计的信息、意图显式化，从而使设计意图和理念能在实施前被建设项目全生命期中各相关方深刻地理解和评价，使建筑设计中的创意、建筑规范、设计要求、时间、成本限制等都能在 BIM 概念下得到清晰、迅速的表达。建筑设计阶段 BIM 主要应用在：参数化设计、协同设计、建筑模型检查、各种性能分析等。

（3）施工阶段。施工阶段的 BIM 应用，主要体现在工程算量、成本核算、施工过程模拟等方面，通过 BIM 实施，提升施工的质量与效率，从根本上解决效率低、浪费大等问题。其应用主要包括：基于 BIM 的工程算量算价、施工模拟、建筑产品预制，施工进度控制和管理等。

（4）运维阶段。与施工阶段相比，建筑物进入运营维护阶段后，面临更多新的需求。人们希望建筑的各种设施处于安全和高效的运行状态，业主希望他们的资源得到有效管理，实现建筑物的运营增值。运维阶段的应用体现在基于 BIM 的设备设施管理、建筑运营、资产管理等方面。目前运维阶段的 BIM 应用尚处于探索和经验积累的过程之中。

3. BIM 的价值维度

BIM 的应用价值主要体现在信息技术直接产生的三大能力方面，即 BIM 的表现能力、计算能力、沟通能力，这些能力之和我们称之为 BIM 的价值维度。通过信息技术体现出的三大能力，直接促进了建筑行业各领域的变化和发展，它们对建筑行业的发展影响深远。我们可以看到，这些深刻变化包括：

（1）新理念的产生。BIM 技术深化所形成的新理念使行业变革悄然而至，如 BIM 协同概念的产生使设计、施工、进度控制、成本管理等环节有可能完全置于同一信息技术平台之上，并形成建筑全生命期的理念。类似的还有很多新概念、新理念的产生，它们将逐渐形成建筑行业新的认知体系。

（2）信息资源的重新整合和配置。BIM 技术的应用基础是信息资源的重新整合和配置，同时 BIM 技术的应用也将为整个行业创造一类新的资产形态——信息资产，这些都会促成建筑行业价值链的重新组合，这将是建筑行业基于 BIM 的本质变化之一。

（3）新的思维模式及习惯方法。BIM 实施创造的新资产将使建筑行业的思维模式及习惯方法产生深刻变化，并使设计、施工和运维的过程中产生新的组织程序和行业规则，这些都将深刻地改变建筑行业内每一个细微环节。

通过对 BIM 的技术维度、过程维度、价值维度的分析和阐述，可以使我们更全面地理解 BIM 的技术特点和应用价值。这也是《导读》对《标准》的展开和补充。

1.1.3　民用建筑 BIM 设计应用价值

BIM 方法的实施，将建设项目的预期结果在数字环境下提前实现，从而使设计意图和理念能在实施前被建设项目全生命期中各相关方理解和评价，使建筑设计中的创意、规范标准、设计要求、时间及成本控制等都能在 BIM 下得到清晰、准确、迅速、直观的表达。其在建筑设计领域主要应用在：

参数化设计：包括参数化图元和参数化修改引擎，支持对建筑形式的创新。作为建筑信息的主要来源，它也是建筑全生命期信息技术应用的重要基础，如建筑性能分析、建筑构件加工生产等。

基于 BIM 的协同化设计：指在设计企业内不同设计部门、不同专业方向或者同一项目的不同设计企业之间，基于 BIM 软件平台的协调和配合。协同化设计可以提高设计质量，减少设计冲突与错误，缩短建筑设计周期。

基于 BIM 的建筑模型检查：对 BIM 模型进行自动检查，在设计阶段发现问题，提高设计质量，减少返工。利用 BIM 模型还可以对一些建筑设计规范的执行情况进行检查。

基于 BIM 模型的各种性能分析：BIM 技术的发展为准确、高效的建筑物性能分析提供了可行性，包括利用 BIM 模型进行能耗分析、舒适度分析，以及日照、采光、通风、声音、视线等建筑环境分析、安全性分析等。

随着 BIM 应用的普及和深化，会有更多的 BIM 价值得到体现，这些价值最终都会体现在社会总成本的降低和行业总效率的提升之中，形成 BIM 的整体价值体系。

1.2　BIM 标准

1.2.1　正确认识 BIM 标准

我们知道，BIM 技术的特征就是运用软硬技术，创建和使用信息模型，从信息维度对建筑全生期的过程实现映射、控制和管理。因此，它必然涉及工程建设所有的领域和专业，涉及所有的部门和人员，也涉及整体和局部的各环节。它是业务活动的集成载体，并贯穿于建筑的全生命期。对于建筑行业这种多专业、多领域、多部门的业务活动，建立一个符合产业特征的基准线，就成为 BIM 全面实施的必要条件。可以说，没有统一的 BIM 应用标准，将无法实现 BIM 的系统优势。因此标准的研究与制定将直接影响到 BIM 的应用与实施。应当强调，从建筑信息模型技术（BIM）的技术特点和应用特征看，BIM 标准不同于一般的技术标准，它具有体系化、结构化的特征，既包括针对信息化技术的技术标准和针对建筑设计过程的实施标准，还包括通用性较强的基础标准及具有针对性的专业规范和指南。同时，建筑信息模型技术（BIM）标准还是一个开放的、可扩展的体系，它的内容和领域都会随着技术的发展和应用的深化而不断增加和调整。现在我们所编制的 BIM 标准主要是面向建筑过程的实施标准，依据 CBIMS 理论，BIM 的实施标准是建立在"资源—行为—交付"这样的过程模型之上的具体应用，它包括了 BIM 的资源标准、行为标准和交付标准三个子标准。同时，从实际应用的角度，又分为针对建筑过程中不同阶段的实施标准，如 BIM 设计标准、BIM 施工标准、BIM 运维标准等。它们构成了 BIM 应用标准的基本内容和内在的逻辑关系，它的直接作用就是规范行业，并对于企业或项目的 BIM 标准制定发挥重要的指导作用。

1.2.2 正确理解《民用建筑信息模型设计标准》

《标准》中明确阐述，《民用建筑信息模型设计标准》是北京民用建筑设计中 BIM 技术应用的通用原则和基础标准，并包含了建筑全生命期、设计资源共享、多专业三维协同、信息模型数据集成等相关的重要原则。《标准》的编制所针对的是建筑设计环节中，以民用建筑为对象的 BIM 技术应用。同时还强调《标准》是 BIM 标准体系中侧重于地方行业应用实施的基础标准。对这些表述如何理解呢？我们知道，BIM 实施的基本对象是大大小小的建筑工程项目，它们构成了 BIM 实施的最小粒度。同时，BIM 整体实施的基本单位是企业，它是 BIM 实施效率最大化的基本单位。因此，在实际中存在着项目级应用和企业级应用两个层面，虽然它们实际应用的范围、方式、目的不尽相同，但都需要一个明确的应用基准，或称为项目导则、企业标准。为使这些项目导则、企业标准能在行业内趋于一致，就必须有一个以通用原则和基础标准为内容的行业标准来统辖和约束。《民用建筑信息模型设计标准》是北京地区的民用建筑设计的行业 BIM 标准，它定义和规范的是北京地区民用建筑设计单位的 BIM 应用和实施。因此，这个标准的规范对象和应用范围十分明确，北京民用建筑设计单位可依据这些通用原则和基础标准制定本单位 BIM 实施指南或建立企业级的 BIM 实施标准，也可以据此建立工程项目的实施导则。最后需要强调的是，随着建筑信息模型技术（BIM）的不断发展和应用环境的逐步完善，《民用建筑信息模型设计标准》将在实践的基础上不断地迭代和更新，以适应北京地区民用建筑设计行业的快速发展，服务于北京勘察设计的实际需要。

1.2.3 《民用建筑信息模型设计标准》的核心内容

在《标准》中除 BIM 的基本概念、定义之外，《民用建筑信息模型设计标准》包括三部分主要内容，即：BIM 的资源要求、模型深度要求、交付要求，它们是从 BIM 的实施过程，规范民用建筑 BIM 设计的基本内容。

1. 资源要求

资源是指建筑设计单位运用 BIM 技术进行建筑设计所需要的基本应用条件，它包括建模软件、BIM 设计协同平台以及构件与构件资源库三个基本方面。资源是 BIM 技术有效实施的前提，同时，熟练运用 BIM 技术的专业人员及与此相适应的企业相关制度，如：BIM 的项目级和企业级标准等管理文件，也是 BIM 技术应用的重要条件。《标准》对这些基本的应用条件给予了整体的规定和说明。

2. 模型深度要求

建筑信息模型的创建是 BIM 技术应用的中心工作，其模型创建的目的，就是以模型为载体，生产和传递具有 BIM 技术特征的建筑设计信息。它是基于 BIM 技术进行设计的基本内容，是多专业三维协同设计的必要条件，也是实现全产业链建筑信息有效传递的重要手段。因此，建筑设计模型及其所承载的建筑设计信息的定义和规范是本标准的核心内容，它包括建筑模型深度等级和建筑语义信息规范两部分内容，并通过建筑模型深度等级表来体现，模型深度要求是通过对模型所承载和传递的信息进行分类描述，来统一建筑设计各专业中所应包含的基本内容，这使得模型基于内容形成了统一标准，不仅使建筑设计各专业内、专业间，也使得规划、施工、运维各阶段的模型内容与设计阶段的模型内容建立起了基本的对应关系，为专业协同、全生命期各阶段协同，以及商业合约的签订和设计成果的交付奠定了重要基础，创造了统一的内容识别方法和手段。

3. 交付要求

在现实中，基于 BIM 技术进行的建筑设计成果交付主要指设计单位的设计标的完成和对外提交。与传统建筑设计成果交付相比，BIM 设计交付在交付要求和交付形式上都有很大的区别。随 IT 技术的发展，相关各方对建筑设计交付物的使用也在不断深化。因此，规范基于 BIM 技术的设计交付，既是规范建筑设计成果，也是规范建筑设计的市场行为和规范建筑设计成果使用的重要条件。交付物主要是依据商业约定（合同）而确定的交付内容、语义信息、文件格式，并能满足开发、施工、运维等不同领域，直接或二次处理使用要求的建筑设计成果。

基于 BIM 的交付要求是 BIM 技术实施中最重要的规范内容。

1.2.4 《导读》与《标准》的对应关系

《导读》的编写，总体上本着与《标准》章节相对应的原则，但在具体内容的阐述上可能会超出《标准》的节点范围，这主要是考虑到有些方面尚处在探索之中，在实践中还存在分歧，不宜编写到《标准》中，因此，放在《导读》中供大家在实践中参考。另外，考虑到《标准》的使用群体存在较大差异，对 BIM 的认知和实践都有所不同，在《导读》与《标准》的对应章节中增加了案例和解决方案，以供不同阅读群体的实际需要。这些都是对《标准》的丰富和补充，编写组真心地希望《导读》对大家的 BIM 实践有所帮助，对正确理解《标准》有所帮助。

在《导读》中我们增加了"应用实证"一章，通过一系列应用实证和 BIM 案例解析，从实际应用的角度帮助大家理解 BIM 和 BIM 标准，并以实战的应用案例，分享 BIM 设计的成功经验。此章节与《标准》全文无对应关系。

第二章 资源要求

《标准》对应章节

正文

4.1 建模软件

4.1.1 建模软件应符合行业特征、设计单位信息化发展规划。

4.1.2 建模软件应满足设计与施工、运营的信息传递的需求。

4.1.3 建模软件宜具有可定制开发功能

4.2 BIM 设计协同平台

4.2.1 搭建 BIM 设计协同平台应符合行业特征、设计单位信息化发展规划、项目管理的特点和实际需求。

4.2.2 BIM 设计协同平台应具有良好的兼容性，实现设计的数据和信息的有效共享。

4.3 构件和构件资源库

4.3.1 构件深度应与模型深度等级具有对应关系。

4.3.2 构件资源库应对构件的内容、深度、命名规则、分类方法、数据格式、属性信息、版本及存储方式等方面进行管理，构件的分类及编码宜在构件属性中体现。

4.3.3 构件和构件资源库分类和编码宜采用面分法进行分类。

4.3.4 针对构件和构件资源库建立统一的构件管理制度，实现构件的创建、收集、编辑、存储、使用、废除等有效管理。

条文说明

4.1 建模软件

4.1.1 建模软件是 BIM 应用的首要条件。建模软件的选择应与企业的发展战略和信息化技术发展需要高度契合，宜纳入设计单位的 BIM 发展规划范畴中，并予以高度重视。

4.1.2 设计单位业务发展方向不同，所承接的设计项目类型不同，设计人员的应用习惯亦不相同，因此，设计单位应根据实际需求选择建模软件，并遵循一定方法和程序。设计单位宜选择当前本行业或本专业主流的建模软件作为主要平台软件，并可根据项目需要进行适当的调整与补充。考虑到不同软件间的数据交换要求，软件选择应特别注意相关软件间文件交换格式的兼容性，避免文件交换格式的兼容性不足所带来的数据损失或增加不必要的数据交换工作。

4.1.3　如建模软件功能与实际应用存在差距，设计单位可采用功能定制开发的方式进行补充，以提高建模软件的使用效率。根据实际需求进行建模软件的功能定制开发是BIM普及应用的重要技术手段。

4.2　BIM设计协同平台

4.2.1　设计单位搭建基于BIM的设计协同平台是BIM技术应用的重要条件。BIM设计协同平台作为数据和信息的共享平台，可以采用信息化平台方式或共享文件夹的方式实现。其包含的主要内容有：1）BIM设计协同平台内置相关的设计标准和业务流程；2）BIM设计过程中的用户管理；3）BIM设计内容共享授权管理；4）BIM实施中的工作流程管理，如专业配合、质量控制、进度控制、成果发布等；5）BIM项目的各相关参与方数据共享管理；6）BIM交付数据或模型的生成与交付管理；7）BIM项目的归档与再利用管理等。从而为BIM设计中的各专业，以及工程项目的业主、设计、施工、顾问、供应商等各相关参与方提供协同工作的环境，实现在BIM项目实施中对各种数据的有效控制和管理，保证各相关方数据和信息的准确、统一，以及数据存储的完整性和传递的准确性。

4.2.2　建模软件种类较多，建立BIM设计协同平台时应考虑良好的数据可扩展性，且宜与常用的建模软件兼容。BIM设计协同平台支持的数据格式应满足设计单位较为长远的发展需要，尽量优先支持主流的建模软件的数据格式。需要注意的是，由于BIM软件数据格式开放程度具有较大的差异，在数据的存储和交换中可以考虑转换为相对统一的数据格式；由于BIM数据文件通常较大，不便于应用中的浏览和查阅，因此可转换成轻量化数据文件并存储于BIM设计协同平台，以提高数据文件的使用效率。

4.3　构件和构件资源库

4.3.1　作为BIM模型基本对象的构件，其深度应与模型深度等级的要求相一致。BIM设计较传统二维设计对硬件系统要求较高，构件创建中如细节表现过度，在项目模型中大量引入时会占用过多硬件资源，影响工作效率或增加设计单位的硬件投入；而构件深度不足，则影响项目模型的精度和信息含量。因此，应根据项目交付要求所规定的模型深度等级，确定构件创建或引入时的适宜深度，即构件深度应与模型深度等级相对应。

4.3.3　面分法是根据要分类的对象的若干属性或特征，从若干个"刻面"（刻面即观察事物的某个角度，反映事物某个方面的属性特征）去分类对象，分类对象在这些刻面上分别被组织成一个结构化的类目体系。不同面上的类目体系彼此独立。

4.3.4　设计单位在 BIM 实施中积累了大量构件，这些构件经过加工处理，形成可重复利用的构件资源。有条件的设计单位宜开发建立构件资源库，使构件资源合理开发并有效利用，并会大幅度降低 BIM 的实施成本，充分实现 BIM 技术所带来的价值。设计单位构件管理制度建立可以保证构件资源库经过整体规划，完成对构件的通用化、系列化、模块化的系统管理，并通过持续性的维护，使构件资源成为设计单位的信息资产，实现其在各专业的设计工作中高度的共享与复用。BIM 构件资源库应设置必要的管理和使用权限，根据不同角色设置 BIM 构件的查询、下载、增删改等权限。

本章内容对应《标准》的资源要求部分，适于企业推广 BIM 应用的资源准备、维护及扩展时参考使用。本章节为设计企业的信息化部门负责人、专业的 IT 工程师以及与 BIM 的技术支撑平台相关的技术人员提供参考。企业可以结合自身需求，采用较为科学的方法选择软件。其次，本章节明确了 BIM 设计协同平台的搭建原则与重点内容，介绍了两种协同平台形式，并强调了平台兼容性的重要。构件资源的标准化复用是减低 BIM 生产成本，提高 BIM 设计效率的有效解决办法，为此本章节特别介绍了构件资源库的建设与管理的相关内容。

2.1　建模软件

2.1.1　建模软件的选择

在 BIM 实施中会涉及许多相关软件，其中最基础、最核心的是 BIM 建模软件。建模软件是 BIM 实施中最重要的资源和应用条件，无论是项目型 BIM 应用或是企业 BIM 实施，选择好 BIM 建模软件都是第一步重要工作。应当指出，不同时期由于软件的技术特点和应用环境以及专业服务水平的不同，设计企业选用的 BIM 建模软件也有很大的差异。同时，对于设计单位来说，软件投入又是一项投资大、技术性强、主观难于判断的工作。因此，我们建议，在选用过程中，应采取相应的方法和程序，以保证软件的选用符合项目或企业的需要。建模软件的选定过程一般包括调研及初步筛选、分析及评估、测试及评价、审核批准及正式应用多个步骤。

1. 调研及初步筛选。这一步骤由信息化部门负责为宜，主要工作是对 BIM 应用软件进行调研及初步筛选，具体过程包括：

（1）考察和调研市场上现有的国内外建模软件及应用状况；

（2）结合本单位的业务需求、企业规模，从中筛选出可能适用的。

筛选应主要考虑:建模软件的功能、本地化程度、市场占有率、应用接口能力、二次开发能力、软件性价比以及技术支持能力等关键因素,企业也可请 BIM 软件服务商、专业咨询机构等提出咨询建议,在此基础上,形成针对本单位或本项目的建模软件的调研报告。

2. 分析及评估。由企业的信息管理部门负责并召集相关专业参与,对具体建模软件进行分析和评估,考虑的主要因素包括:

(1)初选的建模软件是否符合企业的整体发展战略规划;

(2)初选的建模软件对企业业务带来的收益可能产生的影响;

(3)初选的建模软件部署实施的成本和投资回报率估算;

(4)初选的建模软件以及企业内设计专业人员接受的意愿和学习难度等。

在此基础上,形成建模软件的分析报告。

3. 测试及评价。由信息管理部门负责并召集相关专业参与,在分析报告的基础上选定部分建模软件进行试用测试,测试的过程包括:

(1)建模软件的性能测试,通常由信息部门的专业人员负责;

(2)建模软件的功能测试,通常由抽调的部分设计专业人员进行;

(3)建议有条件的企业可选择部分试点项目,进行全面测试,以保证测试的完整性和可靠性。

在上述测试工作基础上,形成 BIM 应用软件的测试报告和备选软件方案。

在测试过程中,评价指标包括:

(1)功能性:是否适合企业自身的业务需求,与现有资源的兼容情况比较;

(2)可靠性:软件系统的稳定性及在业内的成熟度的比较;

(3)易用性:从易于理解、易于学习、易于操作等方面进行比较;

(4)效率:资源利用率等的比较;

(5)维护性:对软件系统是否易于维护,故障分析、配置变更是否方便等进行比较;

(6)可扩展性:应适应企业未来的发展战略规划;

(7)服务能力:软件厂商的服务质量、技术能力等。

4. 审核批准及正式应用。由企业的信息管理部门负责,将 BIM 软件分析报告、测试报告、备选软件方案,一并上报给企业的决策部门审核批准,经批准后列入企业的应用工具集,并全面部署。

应特别强调,对《标准》中选择"建模软件应满足设计与施工、运营的信息传递的需求"一条,应理解为设计单位选择建模软件应当充分考虑上下游相关产业环节对于模型传导信息的有效使用,考虑建筑全生命期的整体信息传递,特别注意相关软件间文件交换格式的兼容性,避免因兼容性不足所带来的数据损失或数据交换工作量的增加,这也是建模软件选择的重要考量因素。

5. BIM 软件定制开发。结合自身业务或项目特点，注重建模软件功能定制开发，提升建模软件的有效性。

2.1.2 IT 基础架构建设

BIM 实施中，除建模软件的选用外，同时应注重建设适用于 BIM 实施的 IT 基础架构，这也是 BIM 实施中一项重要的基础工作，是 BIM 资源的内容之一。《标准》中虽然没有用独立章节对 IT 基础架构建设进行表述，但考虑到建模软件的使用，依赖于良好的硬件设备和高效的网络资源。因此，在本书中我们给出了这方面的内容，即硬件条件和网络环境，通称为基于 BIM 的 IT 基础架构，在这里给出 IT 基础架构建设的原则和步骤，以供参考。

1. 前期准备：了解国内外 BIM 软件资源及与其相适应的 IT 基础架构，结合本企业的特点，明确 BIM 实施的需求和目标，形成 BIM 实施的初步规划。

2. 设备选型：以适合自身业务需求的建模软件为基础，选择与之相适应的硬件及网络环境。

3. 分步部署：在前期选型的基础上形成 IT 基础架构建设的规划，并建立分步部署方案。依据计划和方案展开基础设施建设，包括桌面计算机和服务器部署，软件系统平台安装调试等。这些工作可由专业 IT 工程师负责或委托专业机构完成。

4. 培训应用：BIM 实施中建模软件和 IT 设备的高效使用必须通过系统的培训来实现。培训对象主要包括专业设计人员和管理人员。为提高效率，培训和分布部署可采用并行方式开展，即边部署边培训，共同完成后进入实际应用阶段。培训内容应包括：基础使用培训、应用技术培训、高级定制培训等，为此企业须制定专门的培训计划和方案。培训工作应随着 BIM 应用的普及不断深化。

5. 后期维护：包括硬件更新、网络维护和升级，是 IT 资源建设的重要组成部分，应引起足够的重视。设计企业应制定周全的维护方案。

2.2 BIM 设计协同平台

2.2.1 BIM 设计协同平台的建设原则

基于 BIM 的设计协同平台是 BIM 技术应用的重要条件，也是 BIM 设计协同的重要基础，因此，《标准》将其列为 BIM 资源内容之一。搭建用于项目或企业的协同平台要关注设计过程多专业、多领域、多环节、多角色的工作流程和管理流程，以及数据和信息的传递和交换。搭建 BIM 设计协同平台亦应依据本单位 BIM 规划和信息化技术条件，以及各专业 BIM 协同的实际需求。

1. 依据不同的协同需求：设计企业的人员规模、专业多少、项目大小、信息化水平高低等情况是搭建协同平台的基本依据。

2. 依据企业 BIM 发展规划：多数以 BIM 作为整体发展路线的设计单位，都制定了以企业战略为主导的 BIM 发展规划，协同平台搭建要以此为依据充分考虑近期、远期的发展目标和 BIM 实施的节奏和步调。

3. 依据技术条件和人员能力：设计企业信息化水平存在较大差距，建设 BIM 设计协同平台还应考虑计算机软、硬件及网络情况、设计人员 BIM 技术能力，信息化人员技术支持能力等。

2.2.2 BIM 设计协同平台的功能

BIM 协同平台主要功能如下：

1. 统一的协同工作环境。所有专业都可以在一个网络环境上工作，即 BIM 设计协同平台提供统一的协同工作环境，项目进度、质量管理等也可以基于此平台完成。

2. 规范协同。在《标准》的基础上，扩展定制企业或项目的具体协同规范，并在协同平台中贯彻落实。协同一般分为专业内协同和专业间协同两种类型，因此，协同规范也应以此为依据来制定。

3. 权限控制。权限控制是 BIM 设计协同平台的重要功能，也是顺利完成 BIM 设计、实施责任分工、保证数据安全的重要手段。协同平台应具备根据设计的管理要求、项目特点、人员组织来划分权限并进行日常有效的控制和管理的功能。

4. 项目的进度管理。BIM 设计协同平台应包含 BIM 模型浏览、进度管理等功能。通过模型浏览和进度显示协助完成进度控制。如：与 P6、Project 等进度管理软件对接，实现进度的策划、调整和执行等。

5. 项目的质量管理。BIM 设计协同平台通过内嵌质量控制文档、资料表格模板等手段，可以协助项目的质量控制。依据企业或项目设计管理流程，可以实现电子移交、审核批准、远程协作、版本管理、图形和模型网上发布等实用的协同工作任务。通过内置流程和表单，可以实现协同任务的流程控制，有效地提高基于协同的质量管理。

6. 分布式异地协同。通过多专业配合与协同工作功能，可以快速地建立专业间、专业内协同工作模板。运用底层分布式与远程增量传输等技术，可以使异地协同接近本地协同工作的效率，解决远程协同的问题。

7. BIM 设计过程的版本管理。BIM 设计协同平台应支持历史版本的存储和管理，并确保用较少的存储空间存储 BIM 与其他文档过程版本，为工程文档的全生命期管理奠定基础。BIM 设计协同平台软件内置的文档中心可以细化到各个阶段，可以实现工程全生命期各阶段的管理，可以成为工程项目的文档管理中心，为设计成果的集中管理创造条件。

2.2.3 BIM 设计协同平台形式

BIM 设计协同平台一般可以分为两类：

1. 基于服务器的 BIM 设计协同平台。对于企业信息化水平不高或规模较小的设计单位，可以采用基于服务器的 BIM 设计协同方式。对原有企业网络平台进行适当改造就可以实现。这种形式具有实施快，成本低的特点。

它的显著特点是：对原来的设计方式改变很小，仅在服务器上设置一个共享文件夹，每个项目具有不同的子文件夹，设立专门的协同运维人员。在日常工作中由协同运维人员创建项目协同模板，并对该文件夹的详细内容和人员权限进行维护。对于 BIM 项目的专业配合、质量管理、进度管理、出版归档等也可以通过规则约定，并在协同平台上完成。虽然相对简单，但只要应用得当，就可以很好地进行 BIM 协同设计管理。

实践证明，很多设计单位通过共享服务器进行的协同设计，可以取得很好的协同设计效果。这类形式具有推广门槛低、对软硬件要求低、成本低、设计师工作习惯改变小的特点。

2. 基于协同软件的 BIM 协同平台。对于信息化水平较高、规模较大的设计单位，可以采用基于协同软件的 BIM 协同设计平台。

协同软件具有规则内置、管理自动化、流程化等特点，可以实现更高效的 BIM 协同设计与管理。

在基于协同软件的 BIM 协同设计平台推广时可能会遇到一定的难度，由于协同设计平台技术在国内尚属较新的技术领域，目前的应用中多数只用到了以文件共享为主的功能。考虑到 BIM 的特点，BIM 协同设计平台具有非常广阔的应用空间。

2.2.4 BIM 设计协同平台的兼容性

鉴于国内外的 BIM 模型种类较多，建立 BIM 协同平台时应考虑良好的数据扩展性，宜与常用的 BIM 软件兼容。因此，BIM 协同平台支持的数据格式应满足设计单位中长期发展的需要，尽量优先支持主流的 BIM 数据格式。

应当强调的是，由于 BIM 数据格式开放程度具有较大的差异，在数据的存储和交换中，可以考虑转换为相对统一的数据格式。考虑到 BIM 协同平台的多专业、多参与方、协同性的特性，宜选择具有良好数据扩充能力的数据格式，以满足各专业及各参与方数据扩展的需要。

由于 BIM 数据文件占用存储空间通常较大，并且往往受限于创建该数据文件的设计软件，这就使得在传阅和浏览过程中较为不便。为了方便在平台中共享，可转换成较小的轻量化数据模型，并存储于 BIM 协同平台中，以便于浏览和查阅。

2.3 构件资源库

建筑构件是模块化设计的基础资源。将已有建筑模型及其构件作为一种资源收集累积并依照一定的逻辑组织起来，就形成了构件资源库。

由于构件资源库中构件的正确性已经过验证，它的重用不仅可以提高设计效率，同时也可避免重新建模时可能产生的错误，对提高设计质量也有帮助。对 BIM 构件资源的有效开发利用将大大降低设计单位整体或设计项目的 BIM 生产成本。促进资源共享和数据重用，是企业规模化生产的前提条件，也是 BIM 技术的优势之一。在企业实施 BIM 过程中，BIM 构件资源一般以库的形式体现，它是企业知识资产的重要组成部分。

构件资源标准化，是构件资源库建设的前提，它涉及构件的产生、获取、处理、存储、传输和使用等多个环节，贯穿于设计单位生产、经营和管理的全过程。构件资源标准化的核心工作包括构件资源的信息分类及编码、BIM 构件资源管理两方面。

2.3.1 信息分类及编码

随着 BIM 项目实践，设计单位积累起大量的构件，这些构件的检索、复用及管理就显得异常重要，其基础工作之一就是做好构件的分类和编码。

1. 目的和意义

信息分类是根据信息内容的属性或特征，将信息按照一定的原则和方法进行区分和归类，并建立起一定的分类系统和排列顺序，以便管理和使用。划分的结果称为分类项，或称为类目。信息分类是否科学合理直接关系到信息处理、检索和重用的自动化水平与效率。

信息编码是在信息分类的基础上，将信息对象赋予一定规律性的、易于计算机和人识别与处理的符号，形成信息代码。信息代码是否规范影响和决定了信息交流与共享的性能，是计算机信息处理的基本条件之一。

建筑信息分类体系是对建筑领域的各种信息进行系统化、标准化、规范化的组织，为建设项目的各个参与方提供信息交流的一致语言，为建筑信息的管理和数据的积累利用提供统一的框架，同时为建筑应用软件的集成化提供一个共同的基础。

2. 信息分类方法

信息分类的基本方法有两种：线分法和面分法。这两种方法可以单独使用，也可组合使用。

（1）线分法

传统的建筑信息分类体系以线分法为主。它根据选定的若干属性或特征将分类对象逐次地分为若干层级，按照从大到小的层次关系来组织类目。使用这种方法分类的结果通常是一个被组织成树状结构的类目体系。同层次类目间是独立、并列的关系，不存在交集。父类目和子类目之间是包含和被包含的关系。

线分法的优缺点：层次性好，类目间的关系清晰、明确，比较符合人的直观想象，容易理解，使用难度低。但结构弹性差，一旦类目结构需要修改，整个类目体系可能都会变动，维护需要花费的工作量大，不能满足从多角度分类对象的需求。使用这种分类方法组织的分类体系描述对象的能力弱。

（2）面分法

现代的建筑信息分类体系以 ISO 标准为框架，通常采用面分法。

它是根据要被分类的对象的若干属性或特征，从若干个"刻面"（事物某个方面的属性特征）去分类，分类对象在这些刻面上分别被组织成一个结构化的类目体系。不同面上的类目体系彼此独立。

分类表	表 A（功能）	表 B（层数）	表 C（结构形式）
分类内容	01 民用建筑 　0102 居住建筑 　0102 商业建筑 　0103 行政建筑 02 工业建筑	01 单层建筑 02 多层建筑 03 高层建筑	01 砖混结构 02 框架结构 03 钢结构
应用示例	一个框架结构的多层商业楼可以表示为 "A0102：B02：C02"		
备注	本表中的编码只是为示例而做的编码。"："是组配号		

图 2.1　面分法示例

如图 2.1 所示，其中建筑物可以根据其功能、形式、结构来分为三张表。而一个框架结构的多层商业建筑则可依据三张表中的编码组合表示为 "A0102：B02：C02"。

面分法的优缺点：高度的可扩展性，新的事物可以很容易地加入到体系中，多个表可以联合在一起，更全面地描述对象的信息，方便在计算机中组织和检索信息；可以就用户关注的方面来组织信息。但与线分法相比，面分法比较复杂，不容易理解和掌握。分类结构的组织需要更多的考虑和规划，对分类的管理人员专业能力的要求比较高。

随着信息的容量增大，面分法是比线分法更适宜的分类方法，在实际使用中，针对复杂的系统，面分法表现得比线分法更有优势。国际上 ISO 12006-2、OmniClass、UniClass 等标准都采用了面分法的思想。

BIM 构件资源分类体系也应采用面分法，同时在每个刻面内采用线分法。这种分类方法一方面能够适应建筑信息复杂多样的特点，另一方面又能够充分继承已有的各种传统分类的成果。面分类体系中的各个分类表既可以单独使用，也可以联合使用，用于表达不同复杂程度的信息。

3. 信息分类原则

系统：系统地分析企业相关的 BIM 模型资源，多专业综合考虑。

兼容：在分类方法和分类项的设置上，应尽量向有关的国家级、行业级分类标准靠拢。

可扩展：考虑到企业 BIM 模型资源会随着时间的推移、业务的发展而不断扩展，因此分类体系应具有充分的可扩展性。

稳定：通常要选择 BIM 模型及其构件最稳定的本质属性和特征作为分类的基础和依据。

4. 信息编码原则

唯一：一个代码只能唯一地标识一个分类对象。

扩充：必须留有备用代码，允许新数据的加入。

简明：代码结构应尽量简短明确，占有最少的字符量，以便节省机器存储空间。

合理：代码结构应与分类系统相适应。

适用：代码应尽可能反映编码对象的特点，适用于不同的相关应用领域，支持系统集成。

规范：同一层级代码的类型、结构以及代码的编写格式必须统一。

完整：所设计的代码必须是完整的，不足位数要进行补位。

不可重用：编码对象发生变动时，其代码要保留，但不得再分配给其他编码对象使用。

可操作：代码应尽可能方便操作员的工作，减少机器处理时间。

5. 分类编码实施步骤

应依据 BIM 实施目标而制定分类编码实施步骤。

（1）整体规划

应整体调研分类对象的应用范围，不局限于个别专业和单一的设计阶段，在整体层面上综合考虑分类对象的范围。如：建筑专业的构件分类应考虑与结构专业共同的构件资源，同时亦应考虑构件使用的生命期。

在整体规划分类对象范围的基础上，全面制定分类目录，该分类目录应对未来可能出现和处理的分类项预留出空位。

（2）分步实施

在整体规划的基础上，针对当前最为迫切使用的模型资源，应分类项进行细化。在分类工作启动初期，应召集相关专业的资深人士共同参与，组建团队负责实施。在特定分类项细化过程中，分类应依据原有的业务类型，结合已有的基础分类方法，综合考虑 BIM 实施特点，建立 BIM 构件资源的分类和编码。

2.3.2　构件资源管理

1. 构件资源管理的目的

主要包含两个方面：

（1）使构件资源通过整合真正形成企业信息资产，在设计工作中实现高度的共享与重用，进而使设计效率及设计质量得到有效的提高；

（2）通过管理构件资源，为后续的计算、汇总统计等扩展应用提供有效的数据源。

在 BIM 应用过程中，所产生的 BIM 构件包括很多类型。作为 BIM 构件资源，在设计应用及后续扩展应用中，应具有良好的可重用性。

构件资源管理不是对 BIM 构件资源的简单集中存储，而是一个经过整体规划，完成对 BIM 构件资源的通用化、系列化的系统管理。其管理应实现：构件的深度与准确性控制、构件检索控制、构件重用性与可扩充性控制。

2. 构件管理的实施原则

构件管理的实施原则就是对构件深度、检索和重用进行有效控制。

（1）构件的深度控制

必须保证构件深度与模型深度等级具有对应关系，这样才利于构件搭建成模型时的统一和规范。对构件信息，包括几何信息和非几何信息，进行完整性规范检查，确定是否符合模型深度要求。

（2）构件检索控制

对于任何构件的入库，都应经过审核。构件资源库应对构件的内容、深度、命名规则、分类方法、数据格式、属性信息、版本及存储方式等方面进行管理。构件的分类及编码应在属性中体现。应保证构件检索方便、快速。

（3）构件重用性控制

一般不能直接将构件导入构件资源库中，应由数据管理员进行审查，符合规范后由专人入库。模型及构件的更新，也应经过严格的审核。更新要求由专业设计人员提出，由数据管理员依据管理流程实施，保证构件的规范和统一，以利于构件的多项目重复使用。

3. 构件资源库建设的步骤：

构件资源库建设是一项系统和长期的工作，也是 BIM 资源积累的重要过程。构件资源库建设大体上有以下步骤：（1）总体方案规划；（2）确立管理规范；（3）系统平台搭建；（4）系统初始设置；（5）系统测试运行；（6）模型数据导入；（7）日常维护管理。

2.3.3　构件深度要求

构件深度要求，应依据《标准》第三章的模型深度要求来确定，其深度等级应划分为相应的 1 ～ 5 级，内容亦应分成几何信息和非几何信息。可以依据模型深度等级表的要求来划分构件深度等级表，作为构件库建设的重要内容。

不同深度等级构件应当满足相关专业的应用需求，如：

建筑专业在 BIM 应用时，方案设计阶段需要表达建筑区域位置、现状、周边环境等，同时也要表达建筑单体各功能分区的基本尺寸、标高。此阶段使用的构件主要包括基本轮廓尺寸、厚度、标高等信息。初步设计、施工图阶段建筑构件需要精确表达其参数信息，包括几何尺寸、规格型号、标高定位、材料颜色、防火等级等等，因此在这个阶段建筑构件需要表达更为精确的尺寸、材料、颜色、规格、型号等信息。

结构专业的主要构件在初始确定结构形式并进行结构受力分析时，就已具有明确的构件截面尺寸或型号、混凝土等级或钢号、荷载、钢筋等信息。结构节点构件通常在施工图深化阶段出现，需要表达节点构件的精确几何形体尺寸、定位、材料等信息。

机电专业的基本构件，可将各类构件的基本尺寸参数、规格、材料、保温、系统类型等信息预置好，直接选择使用。在 BIM 实施中也存在机电专业的大型设备在实际采购招标前，通常以近似几何形体进行定位表达，在有明确的设备样本后，替换为实际形状、尺寸、材质的构件，其机电构件的深度应符合专业及产品特点。

以上这些专业特点都是构件资源库建设时应重点考虑的。

2.3.4　构件资源管理案例

根据设计单位的应用经验，在 Revit 工作环境下，BIM 构件资源的管理主要分为两部分：

第一部分是建立构件库管理规则。

如建立构件的分类原则、编码应用原则，对构件库应设有专人管理、维护，对使用构件库的人员应进行角色权限设置，确保资源库有序、安全地应用。

第二部是分构件库的建设。

首先建立标准构件库。标准构件库按专业进行搭建，满足常规设计中各专业设计人员对构件的使用需求。对于个别特殊项目的特殊构件需求，定制构件并归档到该项目的专有构件库中。

对于居住项目、轨道交通类项目，其项目设计中有大量重复、标准化的设计内容，对以上内容应用 BIM 模型进行设计固化，可大大提高项目资源的复用性，提高设计效率。

另外，也应注意收集第三方的构件模型，便于直接引用。

多年的 BIM 应用由于积累了相当数量的 BIM 构件，为高效地使用这些构件资源，应开发构件资源库管理软件。构件资源管理软件应有良好的用户界面，可以以图片方式显示构件及必要信息，通过关键字的查询可以快速定位到所需构件，并对构件的增、删、改、查、用清晰划分权限。

第三章　BIM 模型与信息要求

《标准》对应章节

正文

5.1　BIM 模型深度

5.1.1　BIM 模型深度应按不同专业划分，包括建筑、结构、机电专业的 BIM 模型深度。

5.1.2　BIM 模型深度应分为几何和非几何两个信息维度。每个信息维度分为 5 个等级区间，见 5.2 节。

5.1.3　BIM 模型深度等级可按需要选择不同专业和信息维度的深度等级进行组合。其表达方式为：专业 BIM 模型深度等级 =[GI_m，NGI_n]，其中 GI_m 是该专业的几何信息深度等级，NGI_n 是该专业的非几何信息深度等级，m 和 n 的取值区间为 [1.0 ~ 5.0]。

5.1.4　BIM 模型深度等级可按需要选择专业 BIM 模型深度等级进行组合。其表达方式为：BIM 模型深度等级 ={ 专业 BIM 模型深度等级 }。

5.2　专业 BIM 模型深度等级

5.2.1　建筑专业 BIM 模型深度应符合表 5.2.1-1 建筑专业几何信息深度等级表和 5.2.1-2 建筑专业非几何信息深度等级表的规定。

条文说明

5.1　BIM 模型深度

5.1.1　模型深度等级根据不同的设计专业，划分为建筑、结构、机电三类模型深度等级，在 BIM 实施中设计单位可根据自身的业务特点，划分更为详细的专业深度等级，如结构专业可以细化为钢结构专业、幕墙专业模型深度等级，机电专业可细化为暖通空调专业、建筑给排水专业、强电专业和智能化专业等模型深度等级。各专业深度等级划分时，应注意使每个后续等级都包含前一等级的所有特征，以保证各等级之间模型和信息的内在逻辑关系。

5.1.2　等级区间是根据国内建筑行业现状，并充分考虑与国际通用的模型深度等级相对应，特别重点关注建筑全生命期各阶段的应用需求，强调其内在的逻辑关系。

5.1.3　1) 在 BIM 应用中，每个专业 BIM 模型都应具有一个模型深度等级编号 [GI_m, NGI_n]，以表达该模型所具有的信息详细程度。2) BIM 交付物的等级划分应以模型深度为依据，使设计成果的交付与模型和信息等级划分保持一致，这既有利于供需双方统一认识，也可以规范设计单位的设计行为，加强监督和管控，保证设计质量。3) 由于 BIM 应用特征，本标准的模型深度与现行的《建筑工程设计文件编制深度规定》中的设计阶段深度无法一一对应，目前在 BIM 实施中宜根据不同设计阶段的应用点，从专业模型深度等级表中选择不同的等级组合。

如：方案设计阶段模型深度可表示为 { 建筑专业 [$GI_{1.0}$，$NGI_{1.0}$] }；

初步设计阶段模型深度可表示为 { 建筑专业 [$GI_{2.0}$，$NGI_{2.0}$]、结构专业 [$GI_{1.5}$，$NGI_{1.0}$]、机电专业 [$GI_{1.5}$，$NGI_{1.0}$] }；

施工图设计阶段模型深度可表示为 { 建筑专业 [$GI_{3.0}$，$NGI_{3.0}$]、结构专业 [$GI_{2.0}$，$NGI_{2.0}$]、机电专业 [$GI_{2.0}$，$NGI_{2.0}$] }。

模型是信息的载体，信息是模型的内容。BIM 的核心价值就在于依托模型使信息在建筑物全生命期内不断产生、传递和使用。即通过模型在建筑的规划、设计、施工和运维各环节建立一个完整和连续的信息维度，并不断发挥作用。因此各环节、各专业、各领域、各阶段的相关方对模型和信息的准确理解，对模型的规范创建、对信息的准确生产、传递和使用，是 BIM 应用取得成效的基本前提。本节内容是在建筑生命期的设计环节，通过规范和管理模型与信息，把握模型创建的统一深度，控制基于 BIM 技术的设计过程和设计质量，并为上下游各阶段有效地传递及使用模型和信息，奠定基础和创造条件。

3.1　模型深度

3.1.1　模型深度的概念

1. 专业模型划分

根据不同的应用需求，设计中不同专业所创建的模型称之为专业模型，依据现有的设计专业分划，《标准》把模型也分为建筑模型、结构模型和机电模型三大类，同时又强调在实际应用中根据设计要求，分为更细化的专业模型，如：机电模型细化为暖通、给水排水、强电等专业模型，结构模型可以细化为钢构、幕墙等专业模型。在 BIM 实施中无论是项目应用还是企业普及都要明确模型的分类划分，在模型较多的应用中，宜编制模型分类表并依深度划分等级，以利于模型的分类管理。

2. 专业模型深度

模型的精细程度，我们称之为模型深度，也叫模型粒度。BIM 实施中模型创建精细程度是根据设计需求确定的，如：规划设计和施工图设计有很大的区别，其模型的深度也是由粗到细，有很大的不同。

这里强调的是，模型深度的粗细只代表其包含信息的多少，粒度的不同，不代表模型的优劣。在《标准》中强调划分模型深度，其意义在于，对各专业、各环节、各角色在模型创建、传递、使用时建立统一的识别方法，规范理解同一深度模型所含有的准确内容，为基于 BIM 建立的设计规范创造条件。

3. 几何信息和非几何信息

依托模型实施 BIM，但我们真正关注的是模型所承载的信息，在三维模型创建时，首先基于的是三维坐标，在虚拟环境中创造空间实体。因此，模型创建过程就是几何信息的产生过程，几何信息的多寡取决于模型创建的深度。

在建筑设计中除了几何信息，还需要大量的非坐标性信息，即非几何信息，如：时间刻度、技术参数、命名和编码等等。这些信息是在模型创建时，根据实际需要在模板中添加的。非几何信息是 BIM 应用非常重要的实施条件，如：各种环境分析、工程量统计、材料成本控制等都需要非几何信息。因此，《标准》中明确了模型中的信息分为几何信息和非几何信息两类，这种分类非常重要，为 BIM 施工、运维的价值实现奠定基础。模型中非几何信息的多寡，取决于模型创建时非几何信息所添加的数量。

几何信息和非几何信息的数量多少，分为 5 个级别（1.0 ～ 5.0 级），其数量多少也是由低至高。

模型非几何信息的数量，是由 BIM 实施的目的和项目要求，事先计划并规定的。

4. 模型深度表达式

《标准》中给出了模型深度的统一表达方式：

$$专业 BIM 模型深度等级 = [GI_m, \quad NGI_n]$$

$$几何信息深度等级 = GI_m$$

$$非几何信息深度等级 = NGI_n$$

$$m 和 n 的取值区间 = [1.0 ～ 5.0]$$

模型深度表达方式的意义在于，应对每一个专业的设计模型标注其相对应的几何信息的深度等级（GI_m），和其相对应的非几何信息的深度等级（NGI_n）。通过模型深度级符号的标注，可以准确理解模型创建发起方的要求、模型创建实施方建模必须达到的深度要求，有益于模型使用方准确理模型包含的详细信息的具体内容。如：标书或合同的内容、设计的专业深度要求、模型的接受与传递。

模型深度表达式可以大大提高对模型具体而统一的理解，减少各方歧异，提升工作效率。

3.1.2 模型深度等级表

《标准》中模型深度等级表是本章的核心内容，按照设计专业划分为三个深度表，每个表又具体分为几何信息和非几何信息两个分表，共 6 个深度等级表：

1. 建筑专业模型深度等级表

（1）建筑专业几何信息深度等级表：表 3.1

（2）建筑专业非几何信息深度等级表：表 3.2

2. 结构专业模型深度等级表

（1）结构专业几何信息深度等级表：表 3.3

（2）结构专业非几何信息深度等级表：表 3.4

3. 机电专业模型深度等级表

（1）机电专业几何信息深度等级表：表 3.5

（2）机电专业非几何信息深度等级表：表 3.6

4.《标准》中深度等级表说明

（1）深度等级表编制的目的是为标准使用者提供一个统一的查询工具，在模型创建时可以根据不同的深度等级查找所应包含的信息内容，也可以根据模型包含的信息内容确定模型的深度等级，并通过模型深度表达式来标注模型的深度等级。

（2）《标准》中所给出的深度等级表，是较为通常的深度等级划分，设计单位在项目应用或企业标准制定时，可以根据实际需要编制更为具体的模型深度等级表。在深度等级的标注上可以在正数区间内选择小数标注。

（3）由于《标准》总则中说明它是 BIM 实施中的基础标准和通用原则，设计单位在 BIM 应用中可依这些深度表编制设计单位或应用项目《指南》或《导则》中的专业模型信息深度等级表。

（4）《标准》颁布实施之前在国内尚无模型深度等级划分，目前多数项目应用多参照 LOD 来制定模型深度等级，我们认为这有积极的意义，表明 BIM 实践者理解模型深度等级划分的作用和价值。《标准》中模型深度等级划分时，既考虑了 1～5 级划分习惯，又认为我国模型深度等级划分应细化为几何信息深度等级和非几何信息深度等级。这既为模型创建的规范增添了新内容，也为模型在全生命期其他阶段的使用需求创造条件。若模型深度等级表使用得当，能更好地帮助模型创建者实现模型和信息的有效管理。

《标准》模型信息深度等级表如下：

表 3.1 建筑专业几何信息深度等级表（《标准》正文表 5.2.1-1）

序号	信息内容	深度等级（m）				
		1.0	2.0	3.0	4.0	5.0
1	场地边界（用地红线、高程、正北）、地形表面、地貌、植被、地坪、场地道路等	√	√	√	√	√
2	建筑主体外观形状，如体量、形状、定位信息	√	√	√	√	√
3	建筑层数、高度、建筑标高、基本功能分隔构件	√	√	√	√	√
4	主要技术经济指标的基础数据，如面积、高度、距离、定位	√	√	√	√	√
5	广场、停车场、运动场地、无障碍设施、排水沟、挡土墙、护坡、土方、植被、小品的几何尺寸、定位信息		√	√	√	√
6	建筑构件的几何尺寸、定位信息，如楼地面、柱、外墙、外幕墙、屋顶、内墙、门窗、楼梯、坡道、电梯、管井、吊顶		√	√	√	√
7	主要建筑设施的几何尺寸、定位信息，如卫浴、部分家具、部分厨房设施			√	√	√
8	主要建筑细节几何尺寸、定位信息，如栏杆、扶手、装饰构件、功能性构件			√	√	√
9	建筑构件深化几何尺寸、定位信息，如构造柱、过梁、基础、排水沟、集水坑			√	√	√
10	建筑设施深化几何尺寸、定位信息，如卫浴、厨房设施			√	√	√
11	建筑装饰深化几何尺寸、定位信息，如材料位置、分割形式、铺装与划分			√	√	√
12	建筑构件专项深化几何尺寸、定位信息，如外幕墙、屋顶、内墙、门窗、楼梯、坡道、电梯、吊顶			√	√	√
13	建筑构件隐蔽工程与预留孔洞的几何尺寸、定位信息			√	√	√
14	细化建筑经济技术指标的基础数据，如面积、高度、距离、定位			√	√	√
15	定制加工的建筑构件的几何尺寸、定位信息				√	√
16	实际完成的建筑构件的几何尺寸、定位信息					√

表 3.2　建筑专业非几何信息深度等级表（《标准》正文表 5.2.1-2）

序号	信息内容	深度等级 (n)				
		1.0	2.0	3.0	4.0	5.0
1	场地：地理区位、坐标、地质条件、气候条件基本项目信息	√	√	√	√	√
2	主要技术经济指标，如建筑总面积、占地面积、建筑层数、容积率、建筑覆盖率	√	√	√	√	√
3	建筑类别与等级，如防火类别、防火等级、人防类别等级、防水防潮等级等基础数据	√	√	√	√	√
4	建筑房间与空间功能，如使用人数、各种参数要求	√	√	√	√	√
5	广场、停车场、运动场地、无障碍设施、排水沟、挡土墙、护坡、植被、小品材质等级，参数要求		√	√	√	√
6	土地利用分期、流线组织		√	√	√	√
7	防火设计，如防火等级、防火分区、各相关构件材料和防火要求		√	√	√	√
8	节能设计，如材料选择、物理性能、构造设计		√	√	√	√
9	无障碍设计，如设施材质、物理性能、参数指标要求		√	√	√	√
10	人防设计，如设施材质、型号、参数指标要求		√	√	√	√
11	门窗与幕墙，如物理性能、材质、等级、构造、工艺要求		√	√	√	√
12	电梯等设备，如设计参数、材质、构造、工艺要求		√	√	√	√
13	安全、防护、防盗实施，如设计参数、材质、构造、工艺要求		√	√	√	√
14	室内外用料说明，对采用新技术、新材料的做法说明及对特殊建筑和必要的建筑构造说明		√	√	√	√
15	需要专业公司进行深化设计部分，对分包单位明确设计要求、确定技术接口的深度			√	√	√
16	推荐材质档次，可以选择材质的范围，参考价格			√	√	√
17	工业化生产要求与细节参数				√	√

续表

序号	信息内容	深度等级 (n)				
		1.0	2.0	3.0	4.0	5.0
18	工程量统计信息				√	√
19	施工组织信息				√	√
20	建筑构件采购信息				√	√
21	建筑构件安装信息、构造信息					√
22	建筑物的相关运维信息					√

表 3.3　结构专业几何信息深度等级表（《标准》正文表 5.2.2-1）

序号	信息内容	深度等级 (m)				
		1.0	2.0	3.0	4.0	5.0
1	结构体系的初步表达,结构设缝,主要结构构件几何尺寸、定位信息	√	√	√	√	√
2	结构层数,结构高度,结构跨度	√	√	√	√	√
3	主体结构构件的几何尺寸、定位信息,如结构梁、结构板、结构柱、结构墙、水平及竖向支撑等		√	√	√	√
4	空间结构的构件基本布置、几何尺寸、定位信息,如桁架、网架、网壳的网格、支座		√	√	√	√
5	基础的类型及几何尺寸、定位信息,如桩、筏板、独立基础、拉梁、防水板		√	√	√	√
6	主要结构洞几何尺寸、定位信息		√	√	√	√
7	次要结构构件深化几何尺寸、定位信息,如楼梯、坡道、排水沟、集水坑、马道、管沟、节点构造、次要的预留孔洞			√	√	√
8	复杂节点的几何尺寸、定位信息			√	√	√
9	金属结构或木结构构件及连接节点的深化设计的几何尺寸、定位信息			√	√	√
10	预埋件、焊接件的几何尺寸、定位信息			√	√	√

续表

序号	信息内容	深度等级 (m)				
		1.0	2.0	3.0	4.0	5.0
11	定制加工构件的几何尺寸、定位信息，如钢筋放样及组拼、钢构件下料				√	√
12	施工支护的几何尺寸、定位信息				√	√
13	结构构件上为安装需要预留的孔洞几何尺寸、定位信息				√	√
14	实际完成的结构构件的几何尺寸、定位信息					√

表 3.4 结构专业非几何信息深度等级表（《标准》正文表 5.2.2-2）

序号	信息内容	深度等级 (n)				
		1.0	2.0	3.0	4.0	5.0
1	项目结构基本信息，如设计使用年限、抗震设防烈度、设计地震基本加速度、设计地震分组、场地类别、抗震等级、结构安全等级、结构体系、阻尼比、地基承载力或单桩承载力	√	√	√	√	√
2	构件材质信息，如混凝土强度等级、钢材强度等级、防水混凝土抗渗等级	√	√	√	√	√
3	结构荷载信息，如风荷载、雪荷载、温度荷载、楼面恒活荷载、地震荷载、预应力荷载	√	√	√	√	√
4	构件的配筋信息钢筋构造要求信息，如钢筋锚固、截断要求		√	√	√	√
5	防火、防腐信息、耐久性要求，如钢筋的混凝土保护层厚度、钢结构焊接与焊缝信息		√	√	√	√
6	特殊构件性能信息，如隔震装置、消能器		√	√	√	√
7	对采用新技术、新材料的做法说明及构造要求		√	√	√	√
8	结构设计对施工顺序要求			√	√	√
9	工程量统计信息				√	√
10	施工组织信息				√	√
11	建筑物的相关运维信息					√

表 3.5 机电专业几何信息深度等级表(《标准》正文表 5.2.3-1)

序号	信息内容	深度等级 (m)				
		1.0	2.0	3.0	4.0	5.0
1	主要机房或机房区几何尺寸、定位信息	√	√	√	√	√
2	主要路由几何尺寸、定位信息,如风井、水井、电井	√	√	√	√	√
3	主要设备几何尺寸、定位信息,如锅炉、冷却塔、冷冻机、换热设备、水箱水池、变压器、燃气调压设备、智能化系统设备	√	√	√	√	√
4	主要干管几何尺寸、定位信息,如管道、风管、桥架、电气套管	√	√	√	√	√
5	所有机房几何尺寸、定位信息		√	√	√	√
6	所有干管几何尺寸、定位信息		√	√	√	√
7	支管几何尺寸、定位信息		√	√	√	√
8	所有设备几何尺寸、定位信息		√	√	√	√
9	管井内管线连接几何尺寸、定位信息			√	√	√
10	设备机房内设备定位信息和管线连接			√	√	√
11	末端设备定位信息和管线连接,如空调末端、风口、喷头、灯具、烟感器			√	√	√
12	管道、管线装置定位信息,如主要阀门、计量表、消声器、开关、传感器			√	√	√
13	细部深化构件的几何尺寸、定位信息			√	√	√
14	单项深化的构件的几何尺寸、定位信息,如太阳能热水、虹吸雨水、热泵系统室外部分、特殊弱电系统			√	√	√
15	开关面板、支吊架、管道连接件、阀门的几何尺寸、定位信息				√	√
16	定制加工的机电设备与管线构件及配件的几何尺寸、定位信息				√	√
17	实际完成的机电设备与管线构件及配件的几何尺寸、定位信息					√

表 3.6　机电专业非几何信息深度等级表（《标准》正文表 5.2.3-2 ）

序号	信息内容	深度等级 (n)				
		1.0	2.0	3.0	4.0	5.0
1	系统选用方式及相关参数	√	√	√	√	√
2	机房的隔声、防水、防火要求	√	√	√	√	√
3	主要设备功率、性能数据、规格信息	√	√	√	√	√
4	主要系统信息和数据,如市政水条件、冷热源条件、供电电源、通信、有线电视等外线条件	√	√	√	√	√
5	所有设备性能参数数据		√	√	√	√
6	所有系统信息和数据		√	√	√	√
7	管道管材、保温材质信息		√	√	√	√
8	暖通负荷的主要数据		√	√	√	√
9	电气负荷的主要数据		√	√	√	√
10	水力计算、照明分析的主要数据和系统逻辑信息		√	√	√	√
11	主要设备统计信息		√	√	√	√
12	设备及管道安装工法			√	√	√
13	管道连接方式及材质			√	√	√
14	系统详细配置信息			√	√	√
15	推荐材质档次，可选材质的范围			√	√	√
16	工程量统计信息				√	√
17	施工组织信息				√	√
18	采购设备详细信息				√	√
19	安装完成管线信息				√	√
20	设备管理信息					√
21	运维分析所需的数据、系统逻辑信息					√

3.1.3　应用点与模型深度

1. BIM 价值与应用点

BIM 价值可以理解为 BIM 内在具有、并在实施中所显现的成效。如：可视化、参数化等内在价值，这些内在价值在实施中体现为应用价值，如：可视化决策与交互、设计协同与方案优化、设计与施工的模拟分析、精确的统计与计算等等。应当强调，实现 BIM 的价值是我们追求的目标，但在现阶段的 BIM 实施中，由于 BIM 技术、应用环境、政策法规等都存在不少问题，相当部分的 BIM 价值还不能充分实现。与之对应的，我们把现阶段 BIM 实施中所能显现成效的价值部分，归纳为 BIM 应用点，即设计过程中 BIM 实施的对象。设计中 BIM 应用点是对现阶段设计中 BIM 应用的具体反应。在实战中我把可实现的 BIM 价值统称为应用点。

2. 应用点与模型深度

设计中 BIM 应用点与模型创建的深度互相紧密关联。每一个具体的 BIM 应用，会在设计过程中随着设计不断深入，在不同的设计阶段细节不断加深。依据项目的具体情况确定 BIM 应用点，如：设计建模、方案论证、技术经济评价、能耗、结构、日照、设备以及其他性能分析，绿建评估、规范验证等达标性的合规性检查；对施工环节的过程控制；在设计阶段介入构件的加工、预安装等内容。这些都称为设计阶段的 BIM 应用点，其 BIM 应用点的实现与模型创建深度有着直接的对应关系。

3. 应用点与模型深度的对应关系

BIM 应用点是 BIM 实施中选择的价值点，一般而言，选译的应用点决定了模型深度。

《导读》根据现阶段一些设计单位 BIM 实际应用状况，给出应用点与模型深度对应关系的对照表，以供《标准》使用者参考。

（1）BIM 应用点与模型深度对照表（表 3.7）

表 3.7 BIM 应用点与模型深度对照表

应用点	模型深度等级				
	1.0	2.0	3.0	4.0	5.0
场地、景观模拟	√	√	√	√	√
交通状况模拟	√	√	√	√	√
室外管线排布	√	√	√	√	√
室内管线综合	√	√	√	√	√
室内场景模拟	√	√	√	√	√
模拟分析	√	√			
复杂空间造型		√	√	√	

续表

应用点	模型深度等级				
	1.0	2.0	3.0	4.0	5.0
局部详图放样			√	√	
工程量统计		√	√	√	
施工模拟			√	√	
二维图纸生成	√	√	√	√	√
设备信息		√	√	√	√

（2）应用点描述

现阶段设计中的主要应用点如下：

场地、景观模拟：依据场地"四通一平"（水、电、路、通信通，场地平整）后的状况进行三维建模，展示周边道路管线、建筑环境建模等与红线、绿线、河道蓝线、高压黄线、建筑物距离的关系；环境影响评价与卫生要求；检查用地范围准确性。

交通状况模拟：复核交通疏散、车流组织的车辆通行能力。

室外管线排布：室外（大、小）市政管线综合布置（管线排布碰撞复核），模拟复核管线排布方案。

室内管线检测：专业检测碰撞问题，包括硬碰撞和间隙碰撞，以及局部的排布优化。

室内场景模拟：基于全专业（建筑、结构、机电）的三维建模，进行漫游设置，可导出动画。

模拟分析：常用的BIM模型分析包括可持续分析、舒适度分析、安全性分析，其中又分为节能分析、日照分析、通风分析、照度分析、人流疏散分析等等。

复杂空间造型：针对复杂造型设计的项目，进行复杂造型及其相关构件（如：钢结构、幕墙等）的参数化设计、曲面优化设计、表面有理化设计等设计优化工作。

局部详图放样：门厅、雨棚、天窗以及立面局部推敲；辅助生成施工图或三维节点施工指导详图。

工程量统计：统计每一个设备所在的空间位置、设备信息、厂商信息等。当设备信息、空间位置发生变更时，所有统计表及布置图自动更新。

施工进度模拟：项目施工进度与流程模拟。设备安装模拟：水暖电、工艺管道等设备安装模拟测试。局部施工可行性模拟：局部施工过程分析模拟。

二维图纸生成：从复杂造型设计的模型创建平、立、剖面定位图纸，辅助进一步设计、施工、运维工作。

设备信息:实现设备的精确管理。自动查找设备的位置及其属性信息。在项目全生命期内,在线记录完整的设备维修记录。自动统计与管理房屋、设备等的状态(如:出租、保养等)信息。

3.1.4 模型深度与设计阶段的对应关系

传统的设计阶段与现阶段的 BIM 应用中,模型深度等级存在一定的对应关系,其大致关系如表 3.8 所示:

表 3.8 模型深度与设计阶段对应关系

设计阶段	模型深度等级				
	1.0	2.0	3.0	4.0	5.0
规划设计	√				
方案设计	√				
初步设计	√	√			
施工图设计		√	√		
施工建设			√	√	
运营维护					√

3.2 项目应用

BIM 项目层级的实施,一般称为项目应用。在实施 BIM 之前,实施团队需要多方面综合考虑和评估,对实施的目标、范围、过程和可能的风险达成共识。充分了解 BIM 实施中所要面对的重点和难点,以确定设计中 BIM 实施的目标和需要解决的问题,进而决定项目实施 BIM 设计的范围和深度,规划出具体实施的策略和路线,这是 BIM 实施取得成效的关键一步。

3.2.1 实施目标

目前设计单位 BIM 实施一般有两种发起方式,不同方式决定 BIM 实施的具体目标。

1. 应项目业主方的要求:应业主方需要的 BIM 应用,往往是为了解决精细化的投资控制,包括工程算量统计和对施工过程的管理,这种应用将是 BIM 实施的主流,是由市场供求关系决定的。

2. 设计团队自发的实施行动:设计团队自发的 BIM 应用,往往倾向于解决设计过程中的问题以及提高设计质量和完成度，尤其对于涉及复杂形体、复杂结构、复杂空间、复杂功能的建筑的设计问题，这些问题在传统设计方式下往往解决起来非常困难，甚至无法根本解决。

无论起因来自于业主方还是设计方自身，BIM 设计实施都不是哪一方可以单独完成的。因此，正确理解 BIM，确定现实可行的实施目标，选择可靠的技术手段，是应用成功的重要因素。

3.2.2　实施深度

1. 业主或甲方发起的 BIM 应用，其实施深度一般取决于甲方对于 BIM 价值的诉求，更取决于项目投资。实施深度的要求在合同中有具体规定，设计单位依合同执行即可，但也有随着项目的进展，业主对 BIM 实施深度要求有所变化的情况，建议设计单位根据变化修改或补充合同，明确实施深度的责任。

2. 当前很多设计单位为了掌握 BIM 技术或用 BIM 解决设计中难题，往往主动发起实施 BIM，这是极其可贵的，实施中应注意以下问题。

在设计中实施 BIM，将涉及设计工具、设计分工方式、专业内及专业间协同设计方式、互提资料方式等一系列工作流程的改变。因此，设计单位在 BIM 起步阶段，可以选择有条件的试点项目进行尝试，再逐步深入探索并推而广之，最后将其成果普及应用到更多项目中。

BIM 设计应用由浅入深可以分为以下四个层级，中等规模和难度的常规设计项目可以选择其中一种应用：

（1）建筑专业全 BIM 设计：先从技术成熟的建筑专业入手，直接应用 BIM 手段完成局部或全部的设计工作。

（2）多专业 BIM 模型设计：创建多专业以至全部专业的 BIM 模型，主要配合多专业设计优化协调工作、管线综合设计工作。

（3）建筑专业全 BIM 设计及结构、机电 BIM 模型设计：结合上述两种方式。

（4）全专业全 BIM 设计：最终实现所有专业设计师基于 BIM 手段完成全部设计工作。这是设计领域 BIM 应用的高级阶段。

对于高复杂程度的设计项目，则应针对项目设计过程中的特点和难点，确定模型使用的目的，如复杂形体表皮设计有理化，空间结构设计优化，进行复杂功能空间的分析、能耗及环境分析等。通过确定模型的使用目的，明确在各个设计阶段的设计建模深度。

3.2.3　实施策略
1. BIM 项目计划表

BIM 项目开始前，设计团队应与业主方以及合作方充分沟通，取得共识，在项目设计周期、协同方式和交付内容及格式等方面形成明确要求。设计团队各专业之间，要确保对BIM 应用目标、互提资料方式、专业协调和设计会审等环节形成清晰的协同设计流程。以上这些沟通和协商结果，应以文档方式予以规定，形成 BIM 实施策略文档，作为日后工作的依据。

我们根据一些设计单位的应用实践，归纳为 BIM 项目计划表（表3.9），明确阶段、目标、内容、工作、责任等内容等。计划表的内容还可延伸到施工、运维、改造等阶段。

表 3.9 BIM 项目计划表

阶段	应用目标	应用内容	工作描述	相关方责任
方案设计	·方案评估与验证	·整体或局部多方案比较	·针对局部重点，使用三维方法具象化几种设计方案，进行多方案比较，实现方案最优 ·视觉化整合：将建筑、结构、景观及其他专业设计整合在可直观理解的三维数据模型中，并结合实际场景进行比较分析 ·通过实时的可视化功能，使设计师能使用三维的思考方式来完成建筑设计，同时也使业主加深对设计的理解，从而协助客户更快做出决策	·业主：负责协调方案方提供相关资料，以支持建立方案验证的三维模型 ·设计 & BIM：协助业主对指定的局部进行方案评估和验证
初步设计	·设计优化 ·三维管线综合	·三维校核，设计优化 ·专业三维管线综合建议	·依据三维模型，对设计结果在全专业协同的基础上进行校核、检查 ·专业检测碰撞问题，包括硬碰撞、间隙碰撞和局部的排布优化	
施工图设计	·施工图设计 ·参数化设计	·施工图辅助生成 ·复杂造型参数化设计	·基于三维模型创建三维风格施工图 ·定义各种二维详图图库；定义符合设计出图要求的符号图库 ·辅助生成施工图或三维节点施工指导详图 ·针对复杂造型设计项目，进行复杂造型及其相关结构构件（如：幕墙）的参数化设计、曲面优化设计、表面有理化设计等设计优化工作 ·根据复杂建筑造型模型提取必要的数据条件，配合进行结构分析 ·从复杂造型设计模型创建平、立、剖面定位图纸，辅助进一步的设计工作 ·辅助施工	·业主：协调各方信息汇总 ·设计 & BIM：利用三维设计手段帮助提高设计质量，整合设计数据，协调设计过程

续表

阶段	应用目标	应用内容	工作描述	相关方责任
施工建造	·设计深化	·三维管线综合图设计 ·特殊部位设计放样	·重点部位配套三维管线综合图设计，指导施工 ·公共建筑的幕墙类型与效果分析 ·异型幕墙定位 ·门厅、雨棚、天窗局部推敲 ·立面局部推敲等	·业主：协调各方信息汇总，监控施工过程 ·施工方：根据要求提供施工信息 ·BIM：根据施工方的要求深化 BIM 模型，对所需内容进行模拟，并提供管理施工所需数据
	·项目模拟与体验	·项目施工进度、设备安装、工艺流程等模拟、局部施工可行性模拟	·施工进度模拟：项目施工进度与流程模拟 ·设备安装模拟：水暖电、工艺管道等设备安装模拟测试 ·局部施工可行性模拟：局部施工过程分析模拟	
运行维护	·项目及设备管理	·设备统计与管理 ·设备查询 ·设备维修记录 ·项目及设备状态管理	·统计每一个设备所在的空间位置、设备信息、厂商信息等，并生成设备布置图；当设备信息、空间位置发生变更时，所有统计表及布置图自动更新；实现设备的精确管理 ·自动查找设备的位置及其属性信息 ·在项目全生命期内，在线记录完整的设备维修记录 ·自动统计与管理房屋、设备等的状态（如：出租、保养等）信息	·业主：确定项目运维方案 ·运营方：提供后期运行管理的重点设备、区域及重点运维所需参数 ·BIM：以竣工模型为依托，快速生成运营方所需的运维数据，并对数据进行统计分析
改造	·项目改造	·项目改造方案设计与多方案探讨 ·生成改造用现状设计图纸等	·快速完成基于三维模型的项目改造方案设计 ·直观地比较与探讨改造方案 ·自动生成改造后的各种设计图纸、设备布置图、设备统计明细表等，指导改造施工	·业主：确定项目改造方案 ·BIM：以竣工模型为依托，快速生成运营方所需的运维数据，并对数据进行统计分析

2. 项目实施策略文件

每一个 BIM 项目实施中的要点和目标不尽相同。因此，项目实施前应充分分析项目特性，并根据特性制定适当的实施策略。实施策略的完整和周到与否，对顺利实施 BIM 设计作用重大。项目设计团队可以用文档或图表方式编制实施策略，并成为项目团队的共享文件。在实施过程中，策略有可能发生变更，变更也应实时体现在文档或图表中，并保证设计项目团队成员充分理解。项目的 BIM 实施策略文档一般会包含如下内容：

项目概况：项目名称、地点、规模等。

BIM 目标：项目实施 BIM 的目标，并根据这些目标确定相应的 BIM 应用。

进度计划：工作内容和进度的划分。

协同方式：制定恰当的工作流程和协同方式，模型创建、维护和使用以及项目不同阶段协作中的角色和职责。

工作拆分：拆分设计内容，对设计人员进行工作任务分配，确定访问权限，明确项目 BIM 数据各部分的责任人，以实现多人员、多专业、多团队的设计协同。

交付成果：确定项目交付成果，以及交付的文件格式。

采用标准：明确项目中采用的具体 BIM 标准或规范，以及必要时的变通办法。

软件平台：确定使用的 BIM 软件及版本，以及如何解决软件之间数据互用性的问题。

数据交换：确定交流方式，以及数据交换的频率、关键时间节点和形式。

共享坐标：为所有 BIM 数据定义通用坐标系，包括对要导入的模型文件设置坐标的要求。

审核与确认：确定图纸和 BIM 数据的审核与确认流程。

项目会审：确定所有团队（必要时，既包括设计单位内部，也包括其他外部团队）共同进行 BIM 模型会审的方式和日期。

3.3 模型创建

模型创建是 BIM 应用中最基本的工作内容，其模型创建的优劣，对信息的生产和后期的使用至关重要。通常，模型创建本身具有很强的设计师个人色彩，因此我们强调模型创建的基本规则，这些规则可以保证所创建的模型达到统一的基本要求，保证模型的有效使用。

3.3.1 模型创建内容

由于不同建筑项目在不同阶段，对模型的用途要求不同，如：模型的可视化表达、二维图纸输出、多专业的冲突检测、建筑耗能分析、机电深化设计等。因此应事先确定设计阶段的模型用途，明确模型的创建深度，这样便于合理地建模并控制其工作量。

根据项目实践总结，模型创建内容大体分为以下几部分：

1. 在模型创建的早期阶段，各专业分别建模。每个专业应根据 BIM 执行计划中约定的可交付成果创建自己的模型。

2. 每个专业开始建模之前应根据项目情况和团队人员情况将设计内容进行划分，明确每个成员的设计范围。单专业的模型数据在各个设计专业目录内储存和处理，检查、验证和确认之前，不应发布到其他专业使用。

3. 各专业在创建各自的单专业模型时，应采用统一的原点设置，一般情况下应采用真实的大地坐标系。只有采用统一的原点和真实的大地坐标系设置，才能保证每个专业每个部分的模型可以按照正确的参照坐标组合在一起，同时按照正确的城市坐标插入城市数据系统。

4. 项目成员应与其他成员定期共享模型，相互参考。在特定的重要阶段，应对不同专业的模型进行协调，以提前解决可能存在的冲突和碰撞。BIM 模式下的设计工作从传统的串行方式改变为并行方式，专业内和专业间的协同不再主要依靠条件图而是更加及时地依据模型相互参考。但在初步设计、施工图设计输出和交付前，应做全面的专业协调和冲突检查，以保证交付产品的设计质量。

5. 每个 BIM 项目应建立项目文件夹，以保存项目本身的数据。应合理设置项目的文件夹结构，并在规定的文件夹中保存 BIM 数据。如果一个项目包含多个独立元素（例如多个单体建筑、区域），宜在子文件夹中分别保存各个独立元素的 BIM 数据。

6. 应为文件夹、子文件夹和各类文件规定命名规则，以便快速识别文件类型及内容。科学合理地统一命名规则，在团队协同工作中可以明显提高工作效率。

7. 应对项目各阶段模型的持续修改保持管理和记录。有多种软件可以帮助 BIM 使用者管理和检测设计更改，以有效地管理设计的变化。各专业的 BIM 协调员负责记录最新加入模型中的信息。

3.3.2　模型拆分与分工协同

所谓模型拆分，是对项目的整体设计内容进行任务分解。

为了在 BIM 环境中实现专业内和专业间的协同设计作业。创建模型之前，需按照一定的原则和方法进行任务分解，因为任务分工是以模型为中心，所以也称为拆分模型或模型划分。

拆分模型一般依据如下原则：

1. 建筑系统是模型拆分的首要依据，进而可再针对建筑分区、分栋、分层、分功能区、分房间、分构件进行拆分。

2. 有些软件还要求在实施时，控制单一模型文件的大小，以保证模型操作时硬件设备的运行保持正常速度。项目应用中可根据硬件配置情况确定单个模型文件的最大限制。

3. 模型拆分时还应同时关注到：专业内人员工作划分、大型或复杂项目的操作效率、不同专业间的协作。

4. 在细分模型时，还应考虑到设计团队人员间的任务分配，尽量减少设计人员在不同模型之间的频繁切换。

5. 每一个项目的系统划分应由设计总负责人、BIM 协调员与各专业负责人共同商定。确定的系统划分应记录在"项目 BIM 策略"文档中。

6. 各个拆分模型之间协同工作时,需按照统一的规则进行。应为整体项目制订统一的基点、方位、标高、单位及文件格式。

7. 应当明确定义项目的原点,并在实际方位中或空间参考系中标出;应建立项目统一轴网、标高的模板文件,为各系统工作模型定位;应正确建立"正北"和"项目北"之间的关系;

8. 项目中的所有模型均应使用统一的单位与度量制;

9. 应规定统一的成果文件、交换文件和浏览文件格式。

10. 工作进程中,如需对以上规定的内容进行更改,需在 BIM 经理协调下,经过项目总负责人和各专业负责人共同确认。

各类型建筑的模型系统划分可参照模型系统划分表(第五章表 5.37),实操中可根据建筑情况适当增减,必要时也可增加第三或更多级子系统。

3.3.3　模型深化过程

现阶段,BIM 设计仍大体分为概念设计、方案设计、初步设计、施工图设计等几个设计阶段。在此过程中,BIM 模型由无到有、由简到繁不断深化,直至最后由 BIM 模型输出所需的各项施工图设计图纸。

我们把传统二维设计理解为一个线型设计过程,早期工作量较少,随后工作量会逐步增加,越往后设计工作量越大;而 BIM 设计可以理解为是一个抛物线形设计过程,前期工作量比较多,往后则是工作量缓慢上升的过程。由于 BIM 设计的特点,在设计的过程中,应将模型逐渐深化,这样可以在早期快速建模,并可在较低的硬件配置上创建较大的模型。

3.4　文件和数据管理

项目在不同阶段的 BIM 应用中会使用不同的软件,复杂项目在同一工作阶段中也会使用多种软件,因此事先做好文件格式规定,是保证数据共享和流转的重要步骤。创建标准模板、图框、构件和项目手册等通用数据,保存在中央服务器中,并实施严格的访问权限管理。建立公共数据环境是项目团队的所有成员之间共享信息的方法和原则。

1. 设计专业内协同:专业内部在专业负责人的协调下,共同创建和使用设计的信息和数据,如:建筑专业、结构专业、机电专业团队内。

2. 专业间信息共享协同:经过专业负责人的核对、校审、批准,其模型、信息和数据等可以在专业间共享区域共享,形成专业间的协同。

3. 设计成果发布:经过项目负责人的批准,发布 BIM 设计成果,包括模型、视图和文档。

4. 设计成果归档：BIM 设计的相关文档，根据要求归档保管和交付使用。

3.4.1　文件夹结构

在一些特定建模软件的工作环境下，根据工作进程、共享、发布和存档的原则，设置项目文件夹结构，并在规定的文件夹中保存相关数据。

1. 工作进程

"工作进程"是指正在构建中的内容，这些内容未经本专业负责人审核和确认，因此不适于在本专业之外使用。专业内模型文件应当是由每个专业分别创建，并且仅包含本方负责的信息。在项目文件管理系统中，应当为每个专业划分各自的协同区域，以便分别保存和处理本专业使用的模型文件。

2. 共享

专业间的数据共享放在项目的中心区域供各方访问，也可以复制到各方的项目文件夹的共享区域中。在共享之前，应对数据进行审核和确认，使其"适于协作"。应定期共享模型数据，以便其他专业得到最新的、校审过的信息。如有可能，将模型文件和经过校审的二维设计图文件一起发布，以便最大限度地降低沟通中的错误风险。由第三方外部机构正式提供的数据（如顾客提供的设计依据及合作方提供的设计内容等）也应保存在共享区域中，以便在整个项目中共享。当共享数据有变更时，应及时通过工程图发布、变更记录或其他适当的通知方式（如电子邮件、短信）传达给项目团队。

3. 发布

对于向其他利益相关方发布的图纸应将其保存在文件夹结构的发布区域中。应为所有发布的内容保存一份发布记录，记录可以为电子记录或纸制记录。发布的 BIM 中的信息尽量以制度方式进行发布。对于设计内容被修改的发布，仅发布那些有必要修订的图纸。在整个行业当前的 BIM 应用水平下，合同规定交付的一般以二维图纸为主。在 BIM 设计成果发布时，如有知识权或责任划分时应予以说明。

4. 归档

所有 BIM 输出数据（包括图纸和模型）都应保存在项目文件夹的"归档"区域中。在设计流程的每个关键阶段，都应当把 BIM 模型的完整版本和相关的图纸交付材料复制到一个归档位置进行保存。归档的数据应存放在合理的、清晰标明归档状态的文件夹中。

5. 校验

除特殊情况外，从 BIM 生成的图纸应以不可修改的格式发布，并以处理传统文档的方式对其进行校核、审批、发布和归档。需要共享 BIM 模型时，应首先完成以下工作：所有图纸和临时视图应从 BIM 模型中移除；模型文件已经过审核并清除未使用项操作；项目数据拆分的方式得到各方共同认可；模型文件已经和本地用户进行过同步处理；发布的模型文件已经与中心文件分离；所有链接的参考文件已被移除，加载模型文件所需的所有其他相关数据均可正常获取；自上次发布以来的所有变更均已传达给相关各方。

6. 数据安全和保存

所有 BIM 项目数据应存放在网络服务器上，服务器应按网络安全要求的有关内容进行备份。项目人员按不同权限，访问调用网络服务器上的 BIM 项目数据，并保证数据备份的可靠性。如果一个项目包含多个独立设计单元，如：多个单体建筑、区域，应在子文件夹中分别保存各个独立设计单元的 BIM 模型和相关数据。所有项目模型和相关数据，均应采取统一的项目文件夹结构，保存在中央网络服务器上，并包括所有工作中所用到的组件。

3.4.2　文件命名规则

在模型创建时，应制定文件命名规则，以便快速识别模型及内容。模型文件可采用以下命名规则（命名的原则和意义在第一章中有具体阐述）：

文件名 =【项目代码】_〖区段代码〗_〖标高代码〗_【维度类型】_【专业代码】_〖系统代码〗_〖描述〗_〖本地文件 / 中心文件〗.xxx（扩展名）

其中【 】内为必选项，〖 〗内为可选项目。专业代码可参见第五章表 5.38《文件命名常用代码表》。

第四章　交付要求

《标准》对应章节

正文

6.0.1　设计单位应保证交付物的准确性。

6.0.2　交付物的几何信息和非几何信息应有效传递。

6.0.3　交付物中的 BIM 模型深度应满足 5.2 节的要求。

6.0.4　交付物中的图纸和信息表格宜由 BIM 模型生成。

6.0.5　交付物中的信息表格内容应与 BIM 模型中的信息一致。

6.0.6　交付物中 BIM 模型和与之对应的图纸、信息表格和相关文件共同表达的内容深度，应符合现行《建筑工程设计文件编制深度规定》的要求。

条文说明

6.0.1　交付物的准确性是指模型和模型构件的形状和尺寸以及模型构件之间的位置关系准确无误。设计单位在交付前应对交付物进行检查，确保交付物的准确。

6.0.4　交付物中的图纸、表格、文档和动画等应尽可能利用 BIM 模型直接生成，充分发挥 BIM 模型在交付过程中的作用和价值。

6.0.5　交付物中的各类信息表格，如工程统计表等，应根据 BIM 模型中的信息来生成，并能转化成为通用的文件格式以便后续使用。

6.0.7　甲方的交付要求，应在与设计单位签订的合同中详细规定，并应据此确定供需双方的权利和义务。对模型和信息的知识归属权等问题亦应根据国家有关知识产权的法律法规在合同中明确规定，以保护双方的利益。

基于 BIM 技术进行的建筑设计成果交付主要指设计单位的设计标的完成和对外提交，BIM 实施中的成果交付包括交付物和交付过程两方面的内容。当前，在设计阶段的 BIM 应用中，由于 BIM 实施的发起方不同，因此应用目的不同，责任主体也不同，进而交付的内容和形式也有很大不同。本章通过设计单位的实践总结，就现阶段 BIM 的交付物和交付行为进行阐述。

虽然交付物是 BIM 的实施成果，但总体上与 BIM 实施初始阶段的决定相关联，往往是由招投标文件、设计合同、设计实施方案等决定。在实施中，BIM 的成果交付不能简单地理解为交付模型，根据项目的具体要求，BIM 交付物多数是由多种交付内容所组合，如由模型、图纸、图表、文档等组合构成。应强调，《标准》中的交付要求，主要规范是：交付物的交付内容应与模型深度等级一致；交付物要保证信息能有效传递；保证模型输出图纸；表格相关信息应符合要求。

为使《标准》的使用者能更好地理解 BIM 交付物，《导读》中本章节的内容有不少扩充。

4.1 交付物

4.1.1 BIM 交付物的内容

BIM 实施过程中的交付物是由 BIM 模型和与之对应的图纸、信息表格和相关文件共同组成，是根据合同要求或设计实施方案的具体内容确定的。它包括以下几类内容。

1. 相关模型

（1）完整的 BIM 专业设计模型：BIM 的核心是应用不同建模软件创建专业设计模型，如建筑、结构、机电等模型。在 BIM 的实施中，图纸、图表一般都是由模型输出或生成的，在交付中也是交付物的组成部分。

设计模型既是 BIM 的主要成果，也应是 BIM 的核心交付物。但在现实应用中，由于设计中 BIM 模型的创建需求不一定是由甲方提出、BIM 实施的价值体系还未完全形成以及甲方模型接收能力限制等因素，专业设计模型是否成为必要交付物还存在一定争议，尚无统一要求。目前决定设计模型是否交付，多是根据甲乙双方的合同约定执行，或双方协商确定。

（2）BIM 浏览模型：是与 BIM 设计图纸对应的轻量化模型。BIM 浏览模型由原 BIM 设计模型直接生成，它包含完整的建筑三维建筑模型（几何信息）和工程数据信息（非几何信息）。此模型可用于模型浏览、信息查询、空间测量、打印，甚至管线综合和施工模拟等用途，但不能用于原始设计修改和创建设计图纸。

（3）可用于施工的 BIM 设计模型：此类模型除可以延续应用到施工深化设计、施工组织管理、工程算量、竣工 BIM 模型，甚至 BIM 运维等后期项目阶段中，可以进一步发挥 BIM 技术应用价值。由于原 BIM 设计模型包含设计单位一定的知识产权信息，因此在合同中有约定需要交付 BIM 设计模型时，需经整理后交付。同时，接收 BIM 设计模型的合同方及其他相关方，应依据相关约定做好相关的知识产权保护工作。

（4）其他 BIM 模型：在 BIM 设计过程中还有一些分析、计算等辅助模型，根据双方约定也可作为交付模型的一部分。

2. 各种分析报告

在 BIM 设计过程中完成的各种建筑性能分析、能耗分析等分析报告。这些报告是 BIM 设计优化的重要内容，是交付物的内容之一。

3. 碰撞检查报告

基于 BIM 设计模型、BIM 浏览模型进行的全专业或多专业间的碰撞检查、管线综合报告，以及相关的设计变更、问题解决方案等报告文件，是 BIM 应用的重要交付物内容。

当前 BIM 实施中碰撞检查报告是验证型 BIM 实施中的主要交付物。

4. 纸质 BIM 设计图纸

设计各阶段创建的 BIM 设计模型及与之对应的纸质设计图纸（各种平面、立面、剖面、节点详图等）与传统设计图纸不同，它包含一定数量的建筑整体及局部的三维轴测图、三维透视视图图纸等内容，可以帮助业主、施工、监理等相关各方准确理解设计内容。这些图纸与模型一样是 BIM 交付物的重要内容。

5. 电子版 CAD、PDF 设计图纸

由 BIM 设计模型输出的 CAD 电子版图纸，可以用于业主招投标、项目报批、归档等用途，例如 DWG、PDF 等格式的图纸，也可以成为交付物的内容之一。

6. 项目级 BIM 实施标准

对大规模、复杂体的特殊项目，甲方需要从设计、施工，甚至运维等全局考虑，事先制定本项目的 BIM 规范性文件《项目 BIM 实施标准》。BIM 实施标准也可以是非常重要的 BIM 交付物。

BIM 实施标准一般包含针对项目的 BIM 资源管理、BIM 的设计行为、设计交付标准以及针对具体工程技术的 BIM 技术规则等。《项目 BIM 实施标准》用以约束、规范各相关方的 BIM 实施，保证工程项目的顺利进行，是大型、复杂项目 BIM 实施中必要的交付内容。

7. 项目 BIM 数据库

BIM 数据库往往是 BIM 合同约定的交付内容，它包括各种统计表、设备清单及工程量统计等大量数据文件。它对于工程算量与成本控制、设备招投标和采购及各种数据分析、未来的项目运营维护都非常重要，是 BIM 应用价值延伸的条件之一，是交付物中最重要的信息资产。

8. 其他 BIM 交付物

双方约定的其他交付物，如：项目 BIM 成果展示册、项目汇报、项目总结等文档，这些辅助内容虽然不是 BIM 交付物的独有内容，但也经常被列为 BIM 交付物组合之一。

4.1.2　BIM 交付物产生的方式

设计单位 BIM 交付物产生主要有两种方式。

1. 应业主或甲方要求实施 BIM：这种方式的交付物一般是由双方合同明确约定，并详细规定交付物内容和交付形式，我们通常称为合同交付物。合同交付物是 BIM 交付的主体形式，也是由市场供需关系决定的，是《标准》主要规范的内容。

2. 设计单位（团队）自发的实施 BIM：当前这类 BIM 实施，一般是设计团队的自我内部需求，如：实验性应用、复杂体、高完成度、特殊设计要求等项目的设计需要。这类交付一般没有合同约束，我们称为非合同交付物。它的交付虽然是由设计单位或设计团队主观决定的，但交付物要求，特别是模型仍应符合《标准》的规定。

4.1.3　BIM 实施模式

目前设计阶段的 BIM 实施大致可以分为以下几种应用模式：

1. 全过程 BIM 设计

从项目方案设计、方案深化或初步设计开始，即由设计师团队使用 BIM 设计软件并采用 BIM 流程，完成全部项目设计内容，并交付全套设计成果，我们称为全过程 BIM 设计模式。虽然，现阶段应用中存在不少困难和问题，但全过程 BIM 设计的模式是未来 BIM 设计的主流形式。

2. 局部阶段 BIM 设计（局部部位 BIM 设计）

在项目设计的某特定阶段，由设计师团队使用 BIM 设计软件和流程，完成本阶段项目的设计内容，并交付本阶段设计成果，我们称为局部阶段 BIM 设计模式。

3. 阶段性设计 BIM 验证

在项目设计的某特定阶段，或贯穿整个项目过程，分阶段在传统 CAD 设计师团队进行项目设计的过程中，由设计师使用 BIM 设计软件，根据已有的 CAD 设计成果配合进行 BIM 建模、设计验证、模型更新工作，并交付本阶段 BIM 成果，我们称为阶段性设计 BIM 验证模式。

4. 施工图设计后 BIM 验证

在传统 CAD 设计师团队完成项目施工图设计并交付后，由 BIM 团队使用 BIM 设计软件，根据已完成的 CAD 施工图进行 BIM 建模、碰撞检查工作，并交付 BIM 成果，我们称为施工图设计后 BIM 验证模式。

5. 施工图设计后 BIM 深化设计

在传统 CAD 设计师团队完成项目施工图设计并交付后，由设计师使用 BIM 设计软件，根据已完成的 CAD 施工图设计成果进行验证后，优化修改设计，将未完成的专项设计按照业主的要求进行完善，并交付全套设计成果，我们称为 BIM 设计验证加深化设计模式。

6. 设计、施工一体化的 BIM 顾问

由设计单位担任业主或甲方的 BIM 顾问，制定项目 BIM 实施方案和实施标准。再由设计单位首先完成全过程 BIM 设计，并将其 BIM 成果延续应用到后续的 BIM 施工深化设计、施工组织管理、工程算量、竣工模型，甚至智能运维阶段的深入应用中，这种模式我们称为设计、施工一体化的 BIM 顾问模式。这种模式对设计单位是一全新的工作模式。

以上 1～5 种模式，多关注设计阶段的 BIM 应用，在 BIM 实施中，这 5 种模式或多或少延伸到施工阶段的局部应用。第 6 种模式，则从 BIM 设计开始，全盘考虑设计、施工，甚至运维阶段全生命期的 BIM 应用，更有利于未来工程建设行业的发展，也是设计单位转型发展的重要契机。

表 4.1　实施模式对比表

实施模式	特点	实施难度及作用
全过程 BIM 设计	用 BIM 设计流程替代传统 CAD 设计流程；通过全过程、全专业的 BIM 细化设计过程，创建各阶段模型和全套 BIM 设计图纸，确保设计质量	对于实施团队的技术要求高；起到直接全面提高设计质量的作用
局部阶段 BIM 设计	用 BIM 设计流程替代传统 CAD 设计流程，通过局部阶段、全专业的 BIM 细化设计过程，创建阶段性全模型和全套 BIM 设计图纸，确保设计质量	对于实施团队的技术要求高。起到直接提高设计质量的作用
阶段性设计 BIM 验证	传统 CAD 设计流程、BIM 验证工作两条线并行，通过设计过程中局部阶段、全专业的 BIM 辅助建模、管综等工作，创建阶段性的主要模型和部分 BIM 图纸，提高设计质量	对于实施团队的技术要求不高，对于业主方设计管理的要求高；起到检查验证的作用，关键点在于验证完的结果，怎样全面地反馈到设计图纸中
施工图设计后 BIM 验证	CAD 施工图设计完成后，通过全专业 BIM 建模、管综等工作，创建施工图的主要模型，提高设计质量	对于实施团队的技术要求不高，对于设计管理的要求高；起到检查验证的作用，关键点在于验证完的结果，怎样全面地反馈到设计图纸中
施工图设计后 BIM 深化设计	CAD 施工图设计完成后，通过全专业 BIM 建模、管综等工作，优化修改设计，并完善各类专项设计，全面提高设计质量	对于实施团队的技术要求较高；起到检查优化的作用，对于后续招标与施工起到可实施的推进作用
设计、施工一体化 BIM 顾问	关注全生命期的 BIM 应用，从 BIM 设计开始，到 BIM 施工、BIM 运维的深入应用	对于实施团队的技术要求高；起到直接全面提高设计质量、全方位技术控制项目管理的作用

4.2 特定交付物

4.2.1 特定交付物概念

在设计交付成果中除了用于工程建设的模型、图纸等外，还有特殊用途的交付物，如：用于工程建设行政审批管理所需要的设计交付物，我们称为特定交付物。在 BIM 全面普及的未来，设计单位提供的用于工程建设行政审批管理的设计交付物也一定是 BIM 交付物中的内容之一，由于这类交付物的用途区别于工程建设的设计成果，因此所包含的信息会有很大的不同。

随着 BIM 技术在工程建设领域的应用普及，工程建设管理也会运用 BIM 技术实现其管理职能，未来的城市综合管理也需要使用这些 BIM 特定交付物的内容。在这里我们给出的特定交付物概念带有一定的前瞻性，可以预见未来的 BIM 特定交付物将成为设计交付物的重要内容。

4.2.2 特定交付物的基本信息

为工程建设管理所创建的模型，包括的信息主要是为满足工程审批管理以及工程备案、归档的要求。信息包括：工程项目基本信息、人防面积基础信息、消防基础信息以及工程建设行政审批管理部门要求的各种信息。

如工程项目基本信息：包括工程名称、建筑类型、总建筑面积、地上建筑面积、地下建筑面积；人防面积基础信息：包括人防建筑面积、人防室外口及通道面积、人防地面管理用房面积、人员掩蔽建筑面积、专业队建筑面积、物资库建筑面积、汽车库建筑面积、公用人防工程建筑面积、其他功能建筑面积等。

4.2.3 特定交付物的交付形式

特定交付物包括：

1. BIM 浏览模型

建设管理需交付的轻量化 BIM 浏览模型及由模型生成的 BIM 设计图纸 / CAD 设计图纸，BIM 浏览模型由原 BIM 设计 / 验证模型直接生成，包含完整的建筑全专业三维模型几何信息和各设计阶段应有的工程数据信息。其作用是帮助工程建设行政审批管理部门对项目设计内容进行 BIM 辅助规范审查，或提取相关的数据用于管理。

2. BIM 模型应用说明文件

包括特定交付物的文件清单、文件目录结构、相互关系说明等文件。它的作用主要是说明模型用途、使用的软件、基本内容和使用方法等。

4.3 交付要求

4.3.1 交付要求的原则

为保证 BIM 实施中的交付物有序交付，应在项目实施的相关文件中明确规定交付要求的具体内容，如：可以在招投标文件、合同条款、项目实施标准等规范性文件中逐一明确，也可专门编制交付要求规范文件。无论何种形式，交付要求都必须具体和易于执行。编制交付规范时应注意以下几方面：

1. 设计单位在 BIM 交付时必须保证交付物的准确性，符合双方合同规定的具体内容和设计要求，同时符合现行的设计规范。各专业以模型为基础交付的施工图纸，要进行必要的修改和标注，以达到图纸交付的要求。

2. 以模型为主的交付物在交付时要进行交付审查，以达到交付物的标准，在项目实施之初就应确定交付物的审查方法和流程，交付审查过程中要特别关注模型的信息内容与模型深度是否一致。

3. 交付物的交付中必须考虑信息的有效传递。根据交付物的使用目的，确保能使几何信息和非几何信息为应用者有效使用，如：转换成浏览模型以供可视化应用，转换成分析模型以供性能分析使用，输出二维施工图纸供交付图纸之用，输出统计、计算表格以辅助提高工程量计算的准确性。

4. 在交付要求中须确定文件保存和交换的具体格式的通用性，以利于各阶段的使用。

5. 在交付要求中要注重知识产权的划定，并应在合同或约定中详细确定。交付时应予以关注。

4.3.2 交付物的审查

1. 交付物清单检查

在 BIM 实施时，项目交付规范中应明确 BIM 交付的具体内容、交付时间、交付方式、交付平台、交付责任人等相关事项，这些应以交付流程形式确定下来，我们称为交付清单。交付物审查的第一步是对所提交的交付物与交付规范中的交付清单是否一致进行检查，确定是否符合清单中的列项。除人工检查外，在信息化程度较高的工程项目中，一般会搭建用于信息交互的数据平台，交付清单可以用数字化方式进行管理，通过交付物清单的检查，使交付物达到、并通过基本的审查要求。

2. 交付模型的审查

交付模型的审查是交付物审查过程中最重要的内容，也是具有一定挑战的内容，目前尚无一套较为完善的审查方法和软件工具，需要在实践中探索。

当前的交付过程中一般分为自行审查和第三方专业审查两种方式。

（1）BIM 模型创建方自行审查

在 BIM 参与方共享模型或提交给业主之前，BIM 质量负责人应对 BIM 成果进行质量检查确认，确保其符合交付要求，达到约定的质量水平。

（2）第三方的专业审查

最终 BIM 交付模型或阶段性正式交付模型，应由第三方进行专业审查，目前多由甲方聘请 BIM 顾问方进行，确保交付模型符合 BIM 标准要求。

3. BIM 模型检查方法

目前自行检查或第三方模型检查的方法有以下几种：

（1）目视检查：确保没有意外的模型构件，并检查模型是否正确地表达设计意图；

（2）冲突检查：由冲突检测软件检测两个或多个模型之间是否有冲突问题；

（3）一致性检查：模型应与原始依据相一致，如图纸、要求、规范等；

（4）标准检查：确保该模型符合 BIM 实施标准的内容；

（5）内容检查：确保数据没有未定义或错误定义的内容。

4. 其他交付物审查

BIM 交付物一般是以模型为核心的交付物组合，除模型外还有大量二维图纸、图表、文档等，它们除应符合双方的合同或约定外，还必须符合相关的设计标准，如《建筑工程设计文件编制深度规定》。这些交付物的审查一般按传统方法进行为宜。

我们强调，随着 BIM 应用方法的不断进步和软件的改善，建议交付物中的二维图纸和信息表格从 BIM 模型中导出或生成，一方面保证图纸与模型的一致，另一方面可以提高图纸和信息表格输出的效率。

4.3.3 交付模型信息深度

《标准》中规定，所交付 BIM 模型的信息内容应当与模型创建的深度要求一致，意味着从模型创建到模型交付的过程中，始终要关注信息的统一性。这对 BIM 实施的全过程非常重要，我们从 BIM 交付结果反向要求"行为—交付"过程的统一性，对 BIM 实施的各环节建立了统一基准。同时，交付模型的几何信息和非几何信息的深度等级标注与模型创建时的深度等级标注应保持一致。

模型提交的数据平台上，应将《标准》的要求内置其中，在提交审查时可以自动检查交付模型与创建模型信息深度的一致性。

4.3.4 模型信息有效的传递

模型传递的本质是信息传递，保证交付模型的信息很好的使用、有效的传递是基本条件。这个条件除了有软件技术之外，还有标准、流程等管理规定的内容。在模型信息的传递上，要确定模型的应用目的和应用方式，特别是对应软件的具体内容。这样模型文件的交换格式应在交付要求中提前明确，并作为交付物的审查内容。

第五章 应用实证

本章没有与《标准》章节直接对应，但其内容对《标准》的理解非常重要。我们用了较大的篇幅，通过一系列 BIM 应用案例的阐示，帮助大家更好地认识 BIM 的价值和 BIM 的应用过程，理解《标准》与实际设计项目的对应点。

应用实证是《标准》编制的重要环节，如对资源要求中的软件选用、协同工作，设计过程中的模型深度要求，交付要求中的交付成果，都进行了有针对性的对比和佐证，这对《标准》的应用性来说非常重要。应当强调，BIM 的普及和应用还处于初级阶段，这些 BIM 应用案例虽然取得了突出成绩，但总体水平离 BIM 价值的充分实现还有很大差距，这些案例多数是在某个方面有所突破。尽管如此，我们仍然认为这些应用实证项目是非常出色的，凝聚了很多勇于探索的建筑师、工程师和信息化专家的智慧和奉献精神。

5.1 实证简述

《标准》的制定是建立在大量工程实践基础之上的。在近十年的 BIM 推广应用中，很多 BIM 应用者都在努力实践，面对挑战勇于探索，从软件技术到设计攻关，再到成果实现，克服了许多困难，积累了很多成功经验和失败教训。这些实验性的 BIM 应用工程实践从不同角度体现着 BIM 的应用价值，也用 BIM 的设计方法实现了 BIM 的设计成果，形成了 BIM 应用的基本形态。在这个过程中，BIM 的实践者把 BIM 从 IT 软件转换成设计的创新工具、协同的工作方式和三维的交付成果。在每一个细微的环节中，我们都可以预见 BIM 将会给设计行业带来的深刻变化，也可以从中体验到信息技术的威力和作用。这些 BIM 工程实践我们可以理解为《标准》应用实证的过程，是《标准》编制的坚实基础。

为了便于更好地理解《标准》与工程实践的对应性，我们挑选了 11 个 BIM 应用案例进行实证解析。从项目简介、BIM 应用、软件与协同应用、模型深度、交付成果五个方面进行系统介绍。使《标准》更易于理解，也使《导读》更接近实际应用。这些工程案例主要选自北京地区设计单位设计评优活动中的优秀作品，它们在一定程度上代表了北京地区 BIM 设计的最高水平。通过这些案例，可以使读者一方面理解《标准》的应用点，另一方面给 BIM 的初步实践者一些直观的体验。

本章节选用的 BIM 应用案例见表 5.1。

表 5.1 BIM 应用案例

项目名称	设计单位
绍兴县体育中心	北京市建筑设计研究院有限公司
郭公庄一期公共租赁住房项目 BIM 施工图设计	中国建筑设计研究院
北京怀柔杨宋镇居住项目	北京市住宅建筑设计研究院有限公司
北京天桥演艺园区公建项目（含市民广场）	悉地（北京）国际建筑设计顾问有限公司
北京西山旅游配套设施项目	北京市住宅建筑设计研究院有限公司
中国建筑设计研究院创新科研示范楼	中国建筑设计研究院
华都中心项目 BIM 施工图设计	中国建筑设计研究院
武汉汉街万达广场购物中心	悉地（北京）国际建筑设计顾问有限公司
重庆国际马戏城	北京市建筑设计研究院有限公司
杭州奥体中心体育游泳馆	北京市建筑设计研究院有限公司
北京地铁九号线丰台科技园站项目	北京城建设计发展集团股份有限公司

　　本章的最后一节是参与《标准》编制的设计单位根据自身的工程经验，总结归纳出的模型系统划分表、文件代码表、文件夹结构等内容，还将一些设计单位常用的建模软件进行归纳总结，作为参考资料提供给大家。这些内容是由北京市建筑设计研究院有限公司、中国建筑设计研究院、悉地（北京）国际建筑设计顾问有限公司、北京城建设计发展集团股份有限公司、北京市住宅建筑设计研究院有限公司提供。希望这些内容对于《标准》的使用者有所帮助。

5.2　实证案例

5.2.1　绍兴县体育中心

　　应用点评：在方案设计阶段，制定了可贯穿全过程的 BIM 数据库，并全过程对其进行更新、完善和管理。在初步设计阶段，利用建筑方案模型进行大跨度屋盖网格的参数化设计。通过数据接口生成分析模型，进行功能及性能分析，据此对建筑体型进行优化调整。在施工图阶段，基于数据库进行屋盖杆件及节点优化，并由模型生成钢结构及节点施工图，同时模型交付用于加工。

　　该项目 BIM 应用的创新点在于：全过程用数据库支持各软件之间的信息交付，实现了数据信息的无缝和完整传递。

1. 项目简介

绍兴体育会展中心位于绍兴市西北的柯北新城。总建筑面积 14.37 万平方米，包括体育场、体育馆等设施，集业余训练、体育比赛、大型文艺演出、全民健身于一体，室外广场具有可同时承接大型集会及娱乐等功能（图 5.1）。

体育场：总建筑面积 77500 平方米，观众座位 40000 席；屋盖采用活动开启式，

图 5.1　绍兴县体育中心鸟瞰

开启面积 12350 平方米，是国内目前可开启面积最大的开闭式体育场，为国内第三个大型开合屋顶的体育场；体育场可改造为展厅，设置标准展位单元 1116 个，周边设会展登录厅、会议中心及会展办公等用房（图 5.2）。

图 5.2　绍兴县体育中心内景

体育馆：体育馆总建筑面积 17100 平方米，建筑高度 27 米；整体造型为椭圆球体，体育馆屋盖部分采用弦支穹顶；屋盖平面为椭圆形，长轴 126m，短轴 86m，矢高 7m，矢跨比 1：12.3（图 5.3、图 5.4）。

图 5.3　绍兴县体育中心夜景

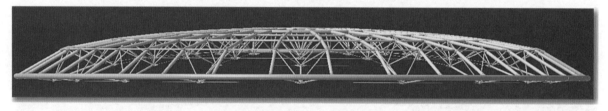

图 5.4　绍兴县体育中心屋盖结构示意

　　项目难点：设计周期短，从初步设计到施工图完成仅 3 个月；体育场可开启屋盖面积大，共 12350 平方米；甲方经济型要求高；目前各软件间通常无法实现数据的无缝传递，导致大量不必要的重复工作。

2. BIM 应用

　　（1）本项目建立了 BIM 数据库，并利用自编程序接口，实现了数据在多个软件间的双向对接。数据库内容包含了结构模型的绝大部分信息和建筑模型的部分信息（图 5.5）。数据库的内容随设计的推进不断更新完善，数据库与各软件之间的信息交互通过接口实现。在每个设计阶段，数据库都具有最新、最全的信息，各软件通过接口从数据库提取所需要的信息进行分析，分析结束后对 BIM 数据库相应模块进行更新。

　　（2）基于数据库，实现了钢结构优化设计（图 5.6）。用钢量从 23000 吨降至 13000 吨。

　　（3）基于数据库，实现了节点参数化设计（图 5.7）。本工程为建筑师提供包含所有钢结构节点在内的可视化模型，加强了与建筑专业的配合，使得结构满足建筑造型的美学要求。

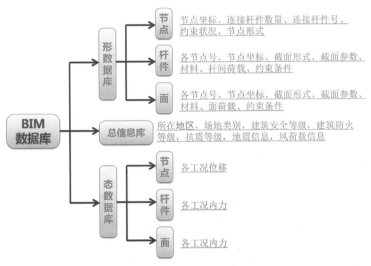

图 5.5　数据库内容

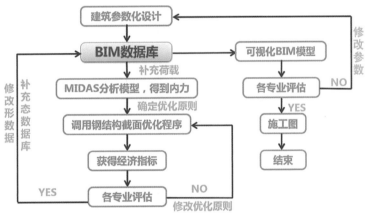

图 5.6　基于数据库的钢结构优化设计流程

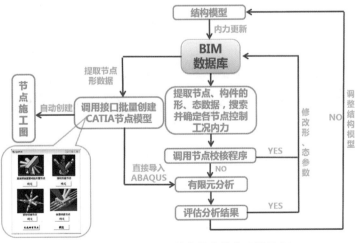

图 5.7　基于数据库的参数化节点设计流程

实施流程：通过对 CATIA/DP 二次开发，实现基于数据库的钢结构节点的批量生成；钢结构节点生成前根据《钢管结构技术规程》对节点进行校核，实现所有工况下所有节点的校核；校核完成，对承载力不足的杆件进行可视化标记，并对校核结果进行文本输出；对不满足要求的杆件可自动予以区分，并选择节点加固方式，形成加固可视化模型（图 5.8）。

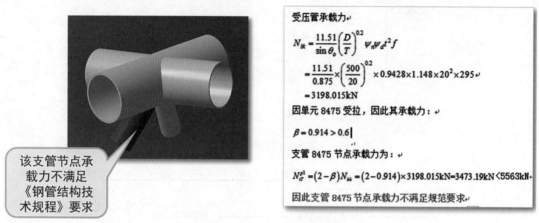

图 5.8　钢结构节点可视化模型

同时利用 BIM 技术也加快了设计进程，从初步设计到施工图阶段仅共 3 个月。

（4）基于数据库，进行绿色建筑及结构性能分析。应用实例如下：

声学分析：利用数据库自动创建 RAYNOISE 模型，分析效率提高 5 倍以上。从模拟结果可看出声压级分布均匀。大部分观众席的语言传输指数 STI 在 0.6 以上，说明语言清晰度良好（图 5.9）。

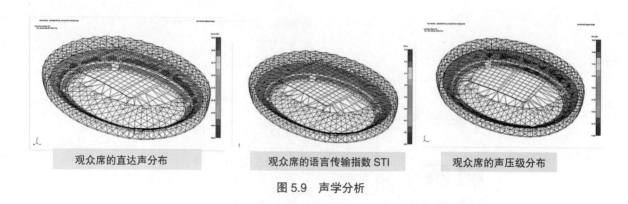

| 观众席的直达声分布 | 观众席的语言传输指数 STI | 观众席的声压级分布 |

图 5.9　声学分析

日照分析、太阳辐射分析及日照辐射量分析见图 5.10、图 5.11。

大震弹塑性分析及极限承载力分析：体育场在全开和全闭两个状态下均满足建筑抗震设计

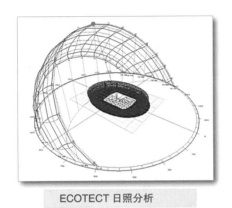

ECOTECT 日照分析

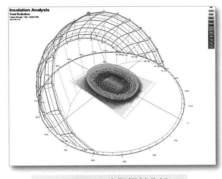

ECOTECT 太阳辐射分析

图 5.10 日照与太阳辐射分析

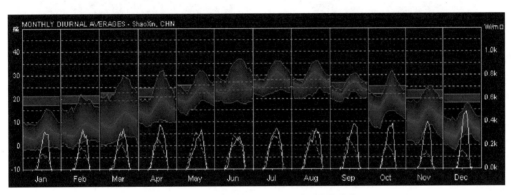

图 5.11 全年各月时均日照辐射量分布

规范的抗震变形要求，竖向挠度也满足 1/50 的抗震要求，满足"大震不倒"的抗震性能目标。全闭模型的极限荷载可达荷载标准值（恒 + 雪）的 3.32 倍，全开模型为 3.55 倍，均满足《空间网格结构技术规程》K>2 的要求（图 5.12）。

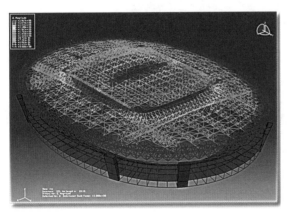

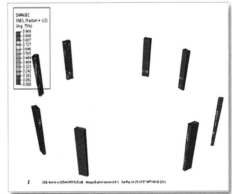

图 5.12 大震弹塑性分析及极限承载力分析

数值风洞模拟：采用 CFD 风洞数值模拟技术，模拟不同风向的风压分布；采用随机振动理论，由风谱得到风时程作为激励，对实际结构进行动力时程分析，得到结构加速度响应值。屋盖上表面除局部折角处为正压外，均为负压；除屋盖边缘处强负压外，最大负压体型系数为 0.6，最大正压体型系数为 0.3（图 5.13）。

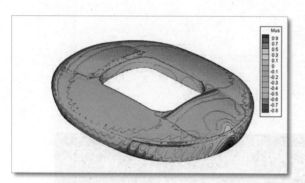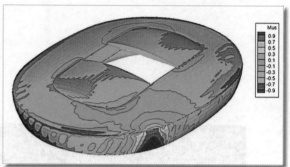

图 5.13　数值风洞模拟

温度场模拟：从最高温度工况所得结果和最低工况所得结果，可以看出结构冬夏温差为 57℃。考虑到结构合拢温度的不确定性，采用 ±35℃计算结构冬夏温差，对于屋面上覆盖玻璃部分温度取 50℃。

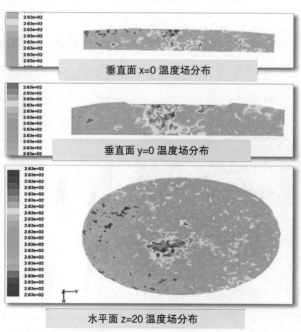

图 5.14　温度场模拟

3. 软件与协同应用（表5.2）

表 5.2　软件应用列表

软件名称	用途
AutoDesk Revit Archtecture	建筑 BIM 模型
	建筑施工图
AutoDesk Revit Structure	结构 BIM 模型
	结构施工图
AutoDesk Revit MEP	设备机电 BIM 模型
AutoDesk Ecotect	日照分析、能量分析
AutoDesk Navisworks	碰撞校核
Rhino/Grasshopper	参数化建模
CATIA / Digital Project	钢结构节点的二次开发
	钢结构三维实体模型的建立
	复杂钢结构连接节点施工图生成
MIDAS	钢结构优化
	统计经济指标（用钢量）
ABAQUS	大震弹塑性分析
	极限承载力分析
	节点有限元分析
FLUENT	数值风洞模拟、温度场模拟
RAYNOISE	声学分析
Tekla	施工深化模型
SQLite 数据库管理系统	信息存储与管理

4. 模型深度

模型达到《民用建筑信息模型设计标准》中规定的 3.0 级的深度等级。

表 5.3　各专业模型深度

专业	模型深度
建筑专业	【GI$_{3.0}$, NGI$_{3.0}$】
结构专业	【GI$_{3.0}$, NGI$_{3.0}$】
暖通专业	【GI$_{3.0}$, NGI$_{3.0}$】
给排水专业	【GI$_{3.0}$, NGI$_{3.0}$】
电气专业	【GI$_{2.0}$, NGI$_{2.0}$】

5. 交付成果

该项目业主方并未对 BIM 成果提出交付要求，因此该项目的 BIM 应用关注于设计过程中的建筑功能和性能分析以及建筑形体和结构设计的优化。对业主方的交付仍沿用传统交付方式提交设计成果。

以下是相关成果示例：

（1）模型（图 5.15 ～图 5.18）

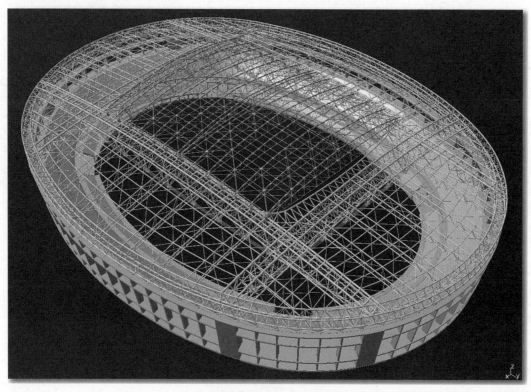

图 5.15　体育场结构模型

北京《民用建筑信息模型设计标准》编制组　编著

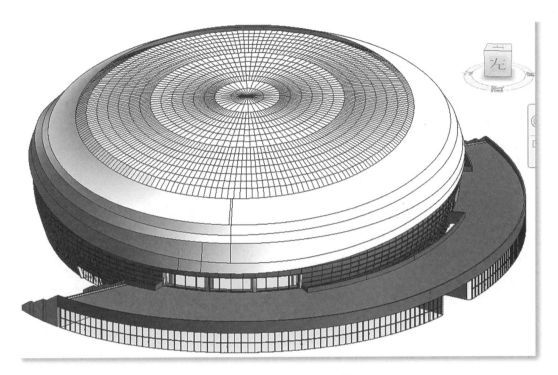

图 5.16 体育馆 Revit 建筑模型

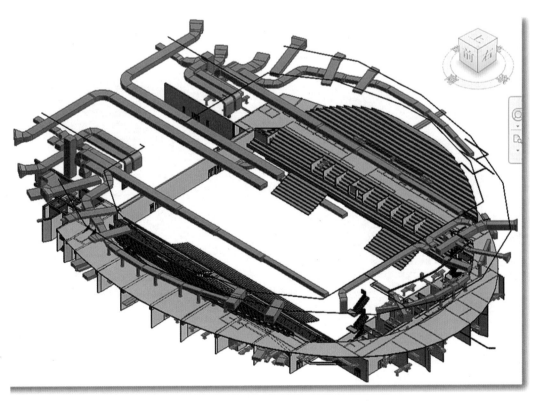

图 5.17 Revit MEP 系统模型

图 5.18 体育场 Tekla 结构模型

（2）图纸（图 5.19 ~ 图 5.24）

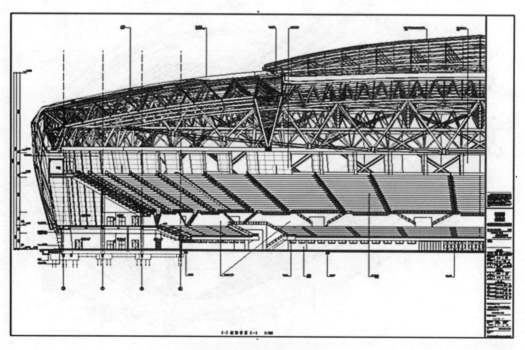

图 5.19 体育场施工图 1

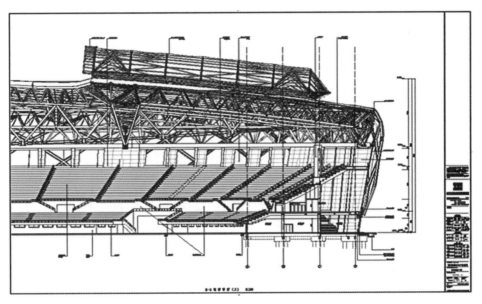

图 5.20　体育场施工图 2

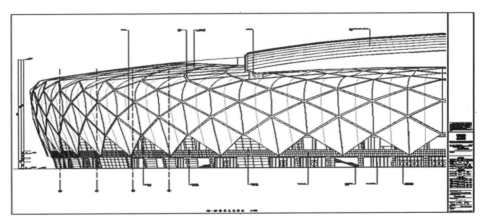

图 5.21　体育场施工图 3

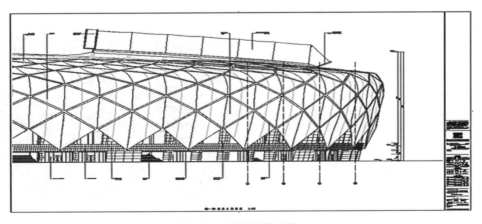

图 5.22　体育场施工图 4

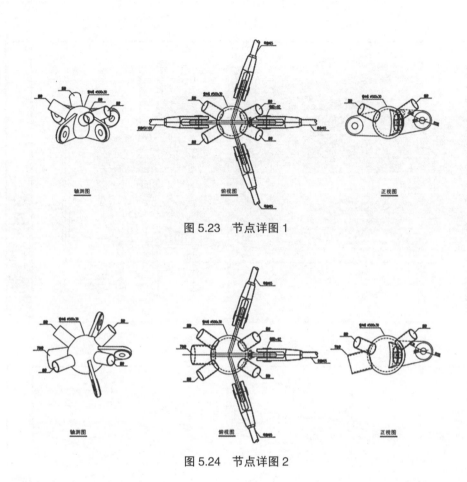

图 5.23　节点详图 1

图 5.24　节点详图 2

（本项目由北京市建筑设计研究院有限公司提供）

5.2.2　郭公庄一期公共租赁住房项目 BIM 施工图设计

应用点评：该项目为政府公共租赁房项目，在工厂化住宅设计、施工和构件加工等方面都有着很好的 BIM 应用：通过 BIM 技术设计和知识管理，实现了建筑户型标准化和构件规格化，提高了工程质量和效率；通过 BIM 技术解决了信息创建、管理和传递等问题。

1. 项目简介

郭公庄一期公共租赁住房项目位于北京市丰台区，南侧为六圈南路，北侧为郭公庄一号路，西邻规划小学和公共绿地，东隔绿化带，与郭公庄路相邻，场地内平整（图5.25）。

图 5.25　郭公庄一期公共租赁住房项目效果图

本设计南区在施工图阶段实现全专业 BIM 设计。

规划总用地面积：80865.092 平方米；总建设用地面积：58786.029 平方米，代征道路用地面积 11491.303 平方米，代征绿化用地面积 10587.76 平方米；总建筑面积 211657.11 平方米；地上建筑面积 146964.5 平方米；地下 64692.61 平方米；建筑物限高 60 米。

2. BIM 应用

（1）BIM 模型与标准化设计的结合、BIM 模型与预制构件装配式结构设计的结合。本项目工程为保证施工质量并缩短施工工期，采用预制构件装配式结构（PC）技术，PC 率为 40% ～ 50%；通过 BIM 模型进行预制构件拆分（图 5.26 ~ 图 5.28 ）。

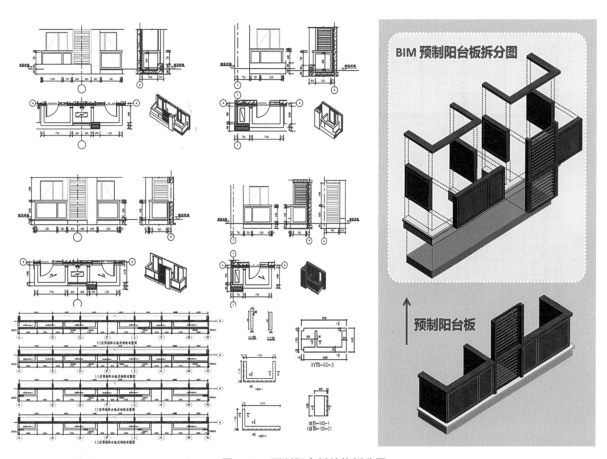

图 5.26　预制阳台板结构拆分图

（2）BIM 模型与工程量清单算量的结合。通过 BIM 模型获得准确工程量，用于成本估算、工程预算和工程决算（图 5.29、图 5.30 ）。

图 5.27　预制叠合楼板结构拆分图

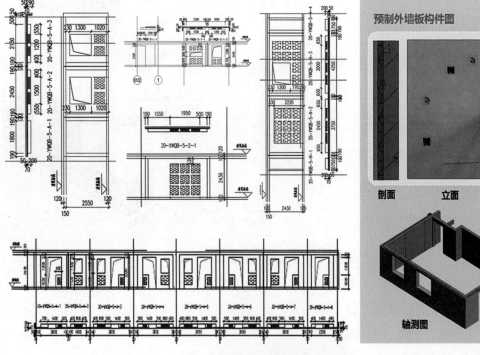

图 5.28　预制外墙板结构拆分图

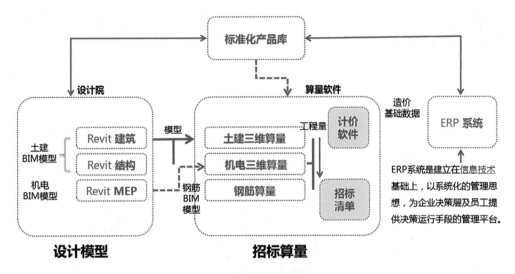

图 5.29　工程量清单算量流程

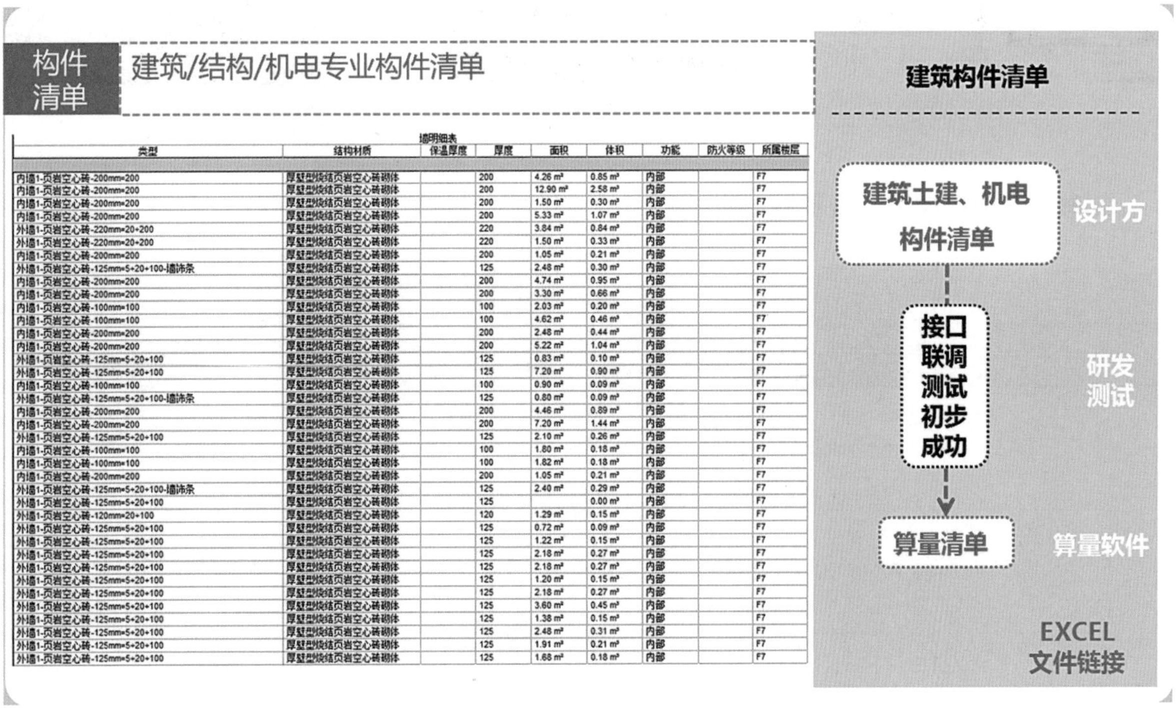

图 5.30　建筑构件清单

（3）部品件生产工厂化与 BIM 模型结合。以 BIM 信息模型引导完成预制构件的拆分、加工与现场安装（图 5.31）。

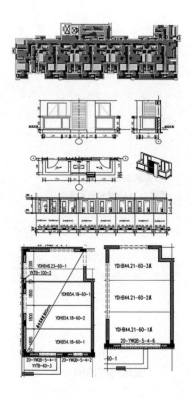

图 5.31　生产工厂化与 BIM 模型结合

3. 软件与协同应用（图 5.32、表 5.4）

表 5.4　软件应用列表

软件名称	用途
AutoDesk Revit Archtecture	建筑 BIM 模型
	建筑施工图
AutoDesk Revit Structure	结构 BIM 模型
	结构施工图
AutoDesk Revit MEP	设备机电 BIM 模型
AutoDesk Ecotect	日照分析、能量分析
AutoDesk Navisworks	碰撞校核
Autodesk CFD/IES	绿色分析、能耗分析、气候分析
Lumion	渲染漫游

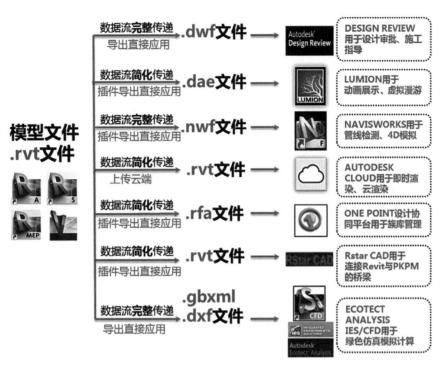

图 5.32　软件应用示意图

4. 模型深度

最终交付的模型达到《民用建筑信息模型设计标准》中 2.0 级至 4.0 级的深度（表 5.5）。

表 5.5　各专业模型深度

专业	模型深度
外立面分格优化	【$GI_{3.0}$，$NGI_{3.0}$】
建筑专业	【$GI_{3.0}$，$NGI_{3.0}$】
结构专业	【$GI_{3.0}$，$NGI_{3.0}$】
暖通专业	【$GI_{4.0}$，$NGI_{3.0}$】
给排水专业	【$GI_{4.0}$，$NGI_{3.0}$】
电气专业	【$GI_{2.0}$，$NGI_{2.0}$】

5. 交付成果

在施工图设计完成后，根据甲乙双方的合同约定，向业主提供以下 BIM 交付内容（表 5.6）。

表 5.6　交付成果清单

交付清单	成果内容	格式
基础模型和管综模型	建筑模型	Revit
	结构模型	Revit/Tekla
	机电模型	Revit
	所有原始设计模型转换的浏览、碰撞模型	Navisworks
	所有原始设计模型转换的浏览、校审模型	Design Reviewer
	所有原始设计模型转换的浏览模型	Autodesk Cad
文档报告	各类模拟与分析	Word、Excel
	各类数据统计表格	Word、Excel
	碰撞检查报告	Navisworks 和 word
图纸	全套施工图	Revit–pdf 或 cad
	关键部位轴测图、管线综合图	
三维动画	室外三维动画	Avi
	样板间互动	Exe

（1）设计图纸（PDF 电子图纸及纸质图纸）

建筑、结构、机电专业，由 Revit 直接创建、编辑 BIM 模型，并直接生成的各类图纸及对应的三维视图图纸，直接生成的图纸格式为 PDF、DWF、CAD。成果示例见图 5.33 ～图 5.35。

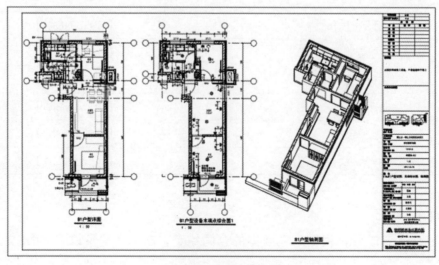

图 5.33　建筑图纸

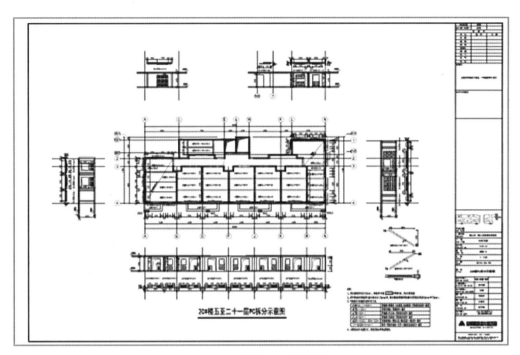

图 5.34 结构 PC 拆分图纸

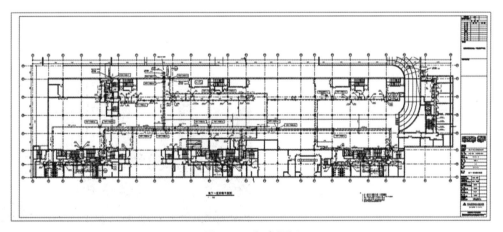

图 5.35 机电图纸

（2）Navisworks 浏览 BIM 模型

建筑、结构、机电专业，基于 Revit 模型，创建生成 Navisworks 浏览模型一套。

分楼层集合各专业，基于 Revit 模型，创建生成 Navisworks 浏览模型一套。

完整项目，基于 Revit 模型，创建生成 Navisworks 浏览模型一套。

（3）DWF 浏览 BIM 模型

分楼层，基于 Revit 模型，创建生成 DWF 浏览、校审模型一套。

完整项目，基于 Revit 模型，创建生成 DWF 浏览、校审模型一套。

（4）AutoCAD DWG 模型

分楼层，基于 Revit 模型，创建生成 AutoCAD DWG 浏览、校审模型一套。

完整项目，基于 Revit 模型，创建生成 AutoCAD DWG 浏览、校审模型一套。

（本项目由中国建筑设计研究院提供）

5.2.3　北京怀柔杨宋镇居住项目

应用点评：该项目充分利用 BIM 技术和方法，在工程建设中，将工程项目作为一个整体，将设计和施工相互融合，不仅在设计中实现建筑、结构、机电全专业应用 BIM 技术，而且通过模型模拟分析予以优化，并通过模型直接形成钢筋的精确算量。同时还通过施工组织、模拟指导现场施工，完成了施工成本的现场管控等。

该项目是利用 BIM 技术实现设计—施工一体化的重要尝试，是 BIM 技术在建筑领域应用的一个发展方向。项目的出发点和应用成果都有一定的代表性，为设计向施工环节延伸提供了很好的示范。

1. 项目简介

本工程位于北京市怀柔区杨宋镇，规划为文化娱乐、商业金融及居住用地项目，包括 5 栋住宅楼和 1 个地下车库。总用地面积 58690 平方米，其中地下部分 13080 平方米，地上部分 45610 平方米（图 5.36）。

智能化工程算量围绕 0024-5# 住宅楼和 0024-CK01# 地下车库实施。

5# 住宅楼总建筑面积 11703 平方米，地下 2 层，地上 15 层；建筑高度 45 米；主

图 5.36　北京怀柔杨宋镇居住项目效果图

体为剪力墙结构住宅。CK01 地下车库总建筑面积 7031 平方米，主体为框架结构。

2. BIM 应用

（1）以模型为载体完成了传递设计阶段、招投标阶段、施工阶段以及运维阶段的数据信息，为全生命期各阶段信息的查询和利用提供基础。

（2）智能化钢筋算量。项目以 Revit 绘制的 BIM 设计模型为基点，通过开发转换插件，将 BIM 模型转换为国内目前普遍采用的 GCL 及 GGJ 算量模型，从而实现设计与算量之间的无缝对接。

钢筋信息来源于结构设计。即结构在 PKPM 中完成结构计算，在 GICD 中完成施工图

绘制后，将钢筋信息直接导入 REVIT 模型中，在 REVIT 模型中把非承重构件补全，并添加相应的钢筋信息，最后通过插件导入 GGJ，完成钢筋算量。同时通过二次开发，在 Revit 中实现了对 GICD 的配筋信息进行轻量化描述。

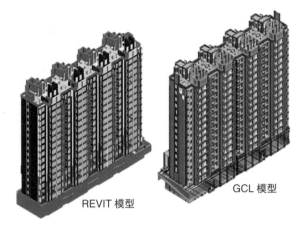

REVIT 模型　　GCL 模型

图 5.37　土建算量模型

土建算量只需将 Revit 模型直接导入到 GCL 中，便可完成得到算量（图 5.37）。由于土建部分建模自由度很高，模型构件种类繁多，为了保证模型传递的成功率，该项目算量时结合 Revit 及 GCL 各自的特点，制定相应的技术文件，保证了模型导出率为 100%（图 5.38）。

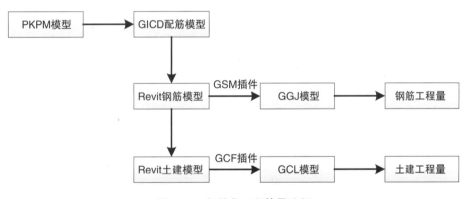

图 5.38　智能化工程算量流程

本项目选择传统的工程算量模型为参考进行对比，该传统算量模型为经过多次校核和审核确认无误的模型。其中 5# 住宅楼混凝土量和模板量统计结果及地下车库钢筋算量结果如图 5.39 所示。图中的数据为各构件混凝土量（m³）或模板量（m²）占整个工程总量的百分比，各构件名称后面附注的数据为该构件用两种算量方法所得结果对比的量差，比如"剪力墙（≤ 0.5%）"表示剪力墙混凝土统计量差在 0.5% 以内。通过图中数据可知，基础、墙体、框架梁、连梁、现浇板、柱等占混凝土总量 90% 以上的主要构件，可保证混凝土量差在 1% 以内，模板量相差在 2.5% 以内。

（3）虚拟化钢筋施工。依据钢筋数据，在 Revit 中自动生成三维实体钢筋排布，通过人工调整形成实体钢筋模型，从而自动生成钢筋下料表单（图 5.40）。

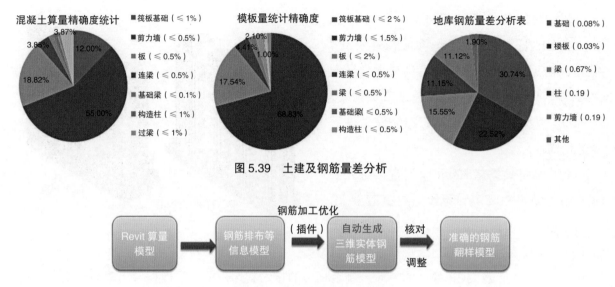

图 5.39　土建及钢筋量差分析

图 5.40　虚拟化钢筋施工流程

3. 软件与协同应用（表 5.7）

表 5.7　软件应用列表

软件名称	用途
AutoDesk Revit Archtecture	建筑 BIM 模型
AutoDesk Revit Structure	结构 BIM 模型
PKPM	结构计算
GICD	结构施工图
GCL	土建图形算量
GGJ	钢筋图形算量
GFC	土建算量模型转换插件
Revit 配筋及钢筋算量模型转换插件	配筋及钢筋算量模型转换

4. 模型深度

为了满足精确算量的需求，模型最终如实反映项目中所有构件的几何尺寸、定位及钢筋信息，模型的最终深度要高于目前施工图的设计深度。最终交付的模型达到《民用建筑信息模型设计标准》中 3.0 级至 4.0 级的深度（表 5.8）。

表 5.8 各专业模型深度

专业	模型深度
建筑专业	【$GI_{3.0}$，$NGI_{3.0}$】
结构专业	【$GI_{3.0}$，$NGI_{3.0}$】
暖通专业	【$GI_{3.0}$，$NGI_{3.0}$】
给排水专业	【$GI_{3.0}$，$NGI_{3.0}$】
电气专业	【$GI_{3.0}$，$NGI_{3.0}$】

5. 交付成果

根据甲乙双方的合同约定，向业主提供以下 BIM 交付内容（表 5.9）。

表 5.9 交付成果清单

交付清单	成果内容	格式
基础模型	钢筋算量模型	Revit
	土建算量模型	Revit
文档报告	钢筋清单	EXCEL
	土建清单	EXCEL

（1）钢筋算量模型（RVT 格式、GGJ12 格式）

Revit 模型里包含建筑主体结构、二次结构的几何模型及配筋信息，模型以甲方提供的最终版图纸为准。GGJ 模型为由 Revit 模型导入生成的用于计算最终版钢筋量的 GGJ12 格式模型。

（2）钢筋清单（EXCEL 格式）

钢筋清单为由 GGJ 模型计算得到的钢筋量清单。成果示例见表 5.10、表 5.11。

表 5.10 CK01 车库钢筋量清单

CK01 车库钢筋	住一工程量	Revit 工程量	量差 (kg)	量差幅度 (%)	总占比 (%)
基础层	768180.041	766864.079	1315.962	0.172%	45.04%
地下二层	901676.417	900120.704	1555.713	0.173%	52.87%
地下一层	29401.952	29100.967	300.985	1.034%	1.72%
首层	6148.644	6148.644	0	0%	0.36%
整楼	1705407.053	1702234.394	3172.659	0.186%	100.00%

表 5.11　5 号楼部分楼层钢筋对比明细表

5 号楼部分楼层钢筋	审核工程	送审工程	量差	量差幅度	总占比
梁组合	2788.79	2788.79	0.00	0.00%	4.53%
剪力墙组合	50358.33	50697.23	−338.91	−0.67%	81.87%
砌体墙组合	625.06	625.06	0.00	0.00%	1.02%
板组合	7118.24	7238.06	−119.82	−1.68%	11.57%
零星组合	462.47	462.47	0.00	0.00%	0.75%
剪力墙（单构件）	18.44	18.44	0.00	0.00%	0.03%
零星（单构件）	142.13	142.13	0.00	0.00%	0.23%
整层（−2 层）	61513.46	61972.19	−458.73	−0.75%	100%
梁组合	672.83	672.83	0.00	0.00%	1.93%
剪力墙组合	23422.74	23632.28	−209.54	−0.89%	67.13%
砌体墙组合	940.19	940.19	0.00	0.00%	2.69%
板组合	8302.06	8356.94	−54.88	−0.66%	23.80%
零星组合	852.61	852.74	−0.13	−0.02%	2.44%
剪力墙（单构件）	405.12	405.12	0.00	0.00%	1.16%
板组合（单构件）	294.11	294.11	0.00	0.00%	0.84%
整层（第 11 层）	34889.65	35154.21	−264.55	−0.76%	100%

（3）土建算量模型（RVT 格式、GCL10 格式）

建筑及结构模型，以甲方提供的最终版图纸为准。GCL 模型为由 Revit 模型导入生成的用于计算最终版土建工程量的 GCL10 格式模型。

（4）土建清单（EXCEL 格式）

土建清单为由 GCL 模型计算得到的土建工程量清单。

（本项目由北京市住宅建筑设计研究院有限公司提供）

5.2.4　北京天桥演艺园区公建项目（含市民广场）

应用点评：天桥演艺园区公建项目是复杂空间的公建项目。该项目在设计阶段和施工过程中都应用了 BIM 技术，在 BIM 的可视化设计和机电深化设计中有着深入的实践，并在交通和人员疏散模拟中进行了 BIM 性能化分析，特别是通过 BIM 参数化设计解决了座椅视线分析的技术难点。

该项目 BIM 技术应用范围较广，有很好的参考价值。

1. 项目简介

项目位于天桥演艺区规划范围内，项目东临天桥南大街，南起南纬路，西至新农街，北到天桥市民广场，定位为演艺剧场，拟建设 1600 座大剧场 1 个、1000 座中剧场 1 个、400 座小剧场 1 个、200 ～ 300 座多功能厅 1 个（图 5.41）。

图 5.41　北京天桥演艺园区公建项目效果图

天桥演艺区南区公建项目（新建）地下四层，地面三层，总高度控制在 18 米以内，局部舞台台塔高 21 米；规划总用地面积 16874 平方米；总建筑面积 73267 平方米；地上建筑面积 26632 平方米；地下建筑面积 46635 平方米；容积率：1.6；建筑密度 75%；绿地率 5.1%。

天桥市民广场（改建）位于北京天桥演艺区南区公建项目北侧，为南区公建项目的配套项目，地下三层，总建筑面积 13998.5 平方米。其中地下一层拟建设为南区公建项目的配套商业，地下二、三层为停车库，与"天桥艺术中心"地下车库相连，地上部分为市民活动广场。

项目难点：空间复杂，座椅视线分析要求高。

2. BIM 应用

根据业主要求，进行了以下 BIM 应用：

（1）可视化（场地、景观模拟、复杂空间造型、建造模拟）：通过建立建筑方案的立体模型，为方案评审和决策工作提供更为直观的方案展示途径。

（2）全专业图纸核查（图纸纠错）：根据搭建的全专业模型，核查各阶段各专业的图纸内容。

（3）BIM 净高分析报告（净高控制）：根据图纸搭建全专业模型，针对业主关心的剧场特定位置，给出其机电管线的最低管底标高，并画出其净高分析分布图。

（4）碰撞检查与管线综合（深化设计）：各专业模型建模完成后，进行不同专业、不同系统之间的三维模型碰撞检查和纠错，并在三维模型中修正这些碰撞，使机电各专业管线之间、管线和结构之间、特殊系统之间实现零碰撞。

同时，充分考虑管道的检修空间、机电管线的现场安装、管线与管线之间的位置关系及剧场特定位置的装修净高需求等因素，进行合理的管线排布。通过综合模型分析，更便捷地找出设计图纸的错误，并能更直观地解决管线综合问题，提高施工图设计的精度，从而降低施工阶段成本的二次投入。

（5）工程量统计：赋予 BIM 模型特定的信息，通过明细表功能生成各专业各系统管道、管件、构件的明细表，实现各专业工程量的统计，从而为招标清单编制工程量提供校核依据。

（6）模拟分析：应用 3DS MAX 软件作为车辆流线模拟、室内人物流线模拟，实现了模型信息的三维可视化。

3. 软件与协同应用（表 5.12）

表 5.12 软件应用列表

软件名称	用途
AutoDesk Revit Archtecture	搭建建筑 BIM 模型
AutoDesk Revit Structure	搭建结构 BIM 模型
AutoDesk Revit MEP	搭建设备机电 BIM 模型
Autodesk 3DS MAX	三维动画、模拟分析
AutoDesk Navisworks	碰撞校核、可视化交流
Civil 3D	搭建场地模型
Rhinoceros	幕墙参数化建模

该项目运用协同设计平台的管理思路实施，通过内部全专业的 BIM 工作平台，进行图纸的参数化表达，避免了设计过程中出现返工，大大提高了全专业工作效率和工作质量。在各阶段设计协同过程中，辅之以 BIM 设计模型作为协助，使设计问题更为直观，提高了沟通和决策效率。

4. 模型深度

最终交付的模型达到《民用建筑信息模型设计标准》中规定的 1.0 级至 3.0 级的深度等级（表 5.13）。

表 5.13 各专业的模型深度

专业	模型深度	备注
建筑专业	【$GI_{3.0}$，$NGI_{2.0}$】	
结构专业	【$GI_{3.0}$，$NGI_{1.0}$】	
暖通专业	【$GI_{2.0}$，$NGI_{2.0}$】	非几何信息部分达到 2.0
给排水专业	【$GI_{2.0}$，$NGI_{2.0}$】	非几何信息部分达到 2.0
电气专业	【$GI_{2.0}$，$NGI_{2.0}$】	非几何信息部分达到 2.0

5. 交付成果

根据甲乙双方的合同约定，向业主提供以下 BIM 交付成果（表 5.14）。

表 5.14 交付成果清单

交付清单	成果内容	格式
基础模型和管综模型	建筑模型	Revit
	结构模型	Revit
	暖通（采暖、空调、通风系统）模型	Revit
	给排水（给水、排水、消防、喷淋系统）模型	Revit
	电气（强电、弱电桥架系统）模型	Revit
	所有 Revit 模型转换为 Navisworks2012 版模型	NWD
文档报告	Navisworks 碰撞报告	Word
	各层空间优化报告	Word
	幕墙与机电、建筑、结构碰撞问题报告	Word
	各专业主要构件数量统计表	Excel
三维动画	车辆流线模拟	Avi
	室内人物流线模拟	
图纸	空间优化可实施的剖面图	CAD

（1）模型：项目主体的各专业模型，分为基础模型和优化后模型，格式包括原始建模模型及轻量化浏览模型。成果示例见图 5.42、图 5.43。

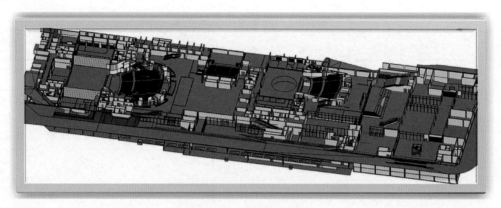

图 5.42　建筑专业模型

图 5.43　结构专业模型

（2）文档：在模型的基础上进行的各种分析报告、碰撞检查报告、优化报告等。成果示例见图 5.44 ~ 图 5.46。

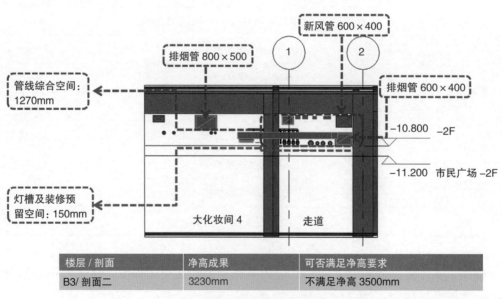

楼层 / 剖面	净高成果	可否满足净高要求
B3/ 剖面二	3230mm	不满足净高 3500mm

图 5.44　净高分析

地下4层楼板明细

序号	名称	标高	体积（m³）
1	楼板：常规 - 100mm	-4F	1013.34

地下4层建筑墙明细

序号	名称	体积（m³）
1	基本墙：常规 - 100mm	0.36
2	基本墙：常规 - 150mm	1.24
3	基本墙：常规 - 200mm	361.56
4	基本墙：常规 - 240mm	384.59
5	基本墙：常规 - 300mm	2.04
6	基本墙：常规 - 400mm	4.06

地下4层建筑幕墙明细

序号	名称	面积（m²）	标高
1	幕墙	82.55	-4F

地下4层门明细

序号	名称	标高	数量（个）
1	单扇-与墙齐：FMB0822	-4F	1
2	单扇-与墙齐：GFMB0922(RW32)	-4F	1
3	单扇-与墙齐：M1022	-4F	1
4	卷帘门：FMJ6030	-4F	3
5	卷帘门：卷帘门6030	-4F	1
6	卷帘门：卷帘门7330	-4F	1
7	双扇平开木门：FMJ1522	-4F	9
8	双扇平开木门：FMJ1525	-4F	1
9	双扇平开木门：FMY1222	-4F	4
10	双扇平开木门：FMY1522	-4F	8
11	双扇平开木门：GFMJ1222(Rw37)	-4F	1
12	双扇平开木门：GFMJ1522(Rw32)	-4F	4
13	双扇平开木门：GFMJ1522(Rw37)	-4F	3
14	双扇平开木门：GFMY1222(Rw37)	-4F	3
15	双扇平开木门：GFMY1522(Rw32)	-4F	7
16	双扇平开木门：GM1522(Rw32)	-4F	1

图 5.45　工程量统计 1

B4天桥电缆桥架明细

序号	名称	型号规格	单位	数量
1	带配件的电缆桥架：普通电力桥架	150 mmx100 mmø	m	48.4
2	带配件的电缆桥架：普通电力桥架	200 mmx100 mmø	m	52.8
3	带配件的电缆桥架：普通电力桥架	300 mmx100 mmø	m	66.9
4	带配件的电缆桥架：普通电力桥架	400 mmx100 mmø	m	6.99
5	带配件的电缆桥架：普通电力桥架	500 mmx200 mmø	m	49
6	带配件的电缆桥架：普通电力桥架	600 mmx200 mmø	m	22.8
7	带配件的电缆桥架：消防电力桥架	150 mmx100 mmø	m	176
8	带配件的电缆桥架：消防电力桥架	300 mmx100 mmø	m	71
9	带配件的电缆桥架：消防电力桥架	400 mmx100 mmø	m	14.7
10	带配件的电缆桥架：消防电力桥架	500 mmx200 mmø	m	39.6
11	带配件的电缆桥架：消防电力桥架	800 mmx200 mmø	m	5.92
12	带配件的电缆桥架：绝缘母线	300 mmx300 mmø	m	75.5

B4天桥电缆桥架配件明细

序号	名称	型号规格	单位	数量
1	槽式电缆桥架异径接头：标准	300 mmx100 mmø-150 mmx100 mmø	个	3
2	槽式电缆桥架异径接头：标准	300 mmx100 mmø-200 mmx100 mmø	个	1
3	槽式电缆桥架异径接头：标准	300 mmx200 mmø-300 mmx100 mmø	个	1
4	槽式电缆桥架异径接头：标准	400 mmx200 mmø-400 mmx100 mmø	个	1
5	槽式电缆桥架异径接头：标准	500 mmx200 mmø-150 mmx100 mmø	个	1
6	槽式电缆桥架异径接头：标准	800 mmx200 mmø-500 mmx200 mmø	个	1
7	槽式电缆桥架水平三通：标准	150 mmx100 mmø-150 mmx100 mmø-150 mmx100 mmø	个	2

图 5.46　工程量统计 2

（3）图纸：深化设计后提供的优化方案图纸（图 5.47 ）。

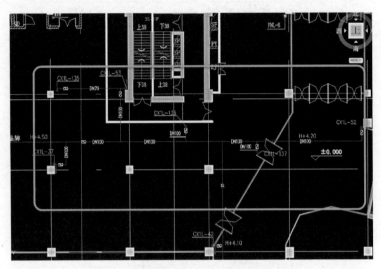

图 5.47　BIM 管综后图纸（给水排水）

（4）其他：在模型基础上导出的统计表格、制作的模拟动画。

（本项目由悉地（北京）国际建筑设计顾问有限公司提供）

5.2.5　北京西山旅游配套设施项目

应用点评：该项目除了设计阶段应用 BIM 技术外，设计团队还向施工阶段延伸应用 BIM 技术，充分利用三维管线综合的 BIM 成果进行深化设计，辅助现场施工，创造了设计与施工方现场协同工作的模式，提高了工程的建筑效率，通过局部细化，保证和节约了总的项目时间。另外，在项目内部通过模型评估完成量，实现项目进度的有效控制。

该项目在 BIM 技术的运用中，强调设计与施工环节的衔接，提高了效率；通过模型，评估进度。这些都是运用 BIM 技术的亮点，也是推进设计向施工深化的很好尝试。

1. 项目简介

工程位于北京市海淀区苏家坨镇西埠头，东侧为安阳西路，西侧为西埠头西路，南侧为七王坟路，北侧为海淀驾校南街。

工程总用地 289663 平方米，可建设用地 230776 平方米，代征道路用地 30432 平方米，代征绿化用地 28455 平方米。建筑类型为多层公共建筑，建筑面积 82500.76 平方米。

2. BIM 应用

（1）机电管综深化

北京西山旅游配套设施项目作为综合性酒店，功能丰富，因此机电系统种类繁多，包括强电、弱电、消防、给排水、通风、空调系统，以及厨房、洗衣房、影音系统、灯光系统等专业系统。设备管线的布局常常出现管线之间或管线与结构构件之间发生碰撞的情况，图纸问题不解决将给施工带来很大麻烦，影响室内净高，造成返工或浪费，甚至存在一些安全隐患。

BIM 模型将所有专业整合在同一模型中，对各专业进行全面检验，按照碰撞的节点进行管线综合的重新排布，不仅能在设计前期工作中解决碰撞问题，更能有效地控制净高，提高施工图纸的深度。另外针对排列后的模型进行任意位置剖切，生成大样及轴测图，为后期管线综合施工提供必要的指导。

（2）机电现场配合

为使 BIM 成果落地、更好地服务甲方及项目安装，安排多人次的驻场工地配合，配合甲方完成软件指导、模型搭建及碰撞修改等工作。

（3）工程量统计

通过 Revit 模型提出精装所需的各种材料，直接生成混凝土统计明细表，并与算量软件相结合，不仅为概预算提供较为准确的工程量统计，而且为精装方案提供参考数据。

（4）样板间精装深化设计

对样板间开展精装深化设计工作，包括机电管线优化和依靠模型统计所用的材料数据，配合精装建模制作大量精细构件。

3. 软件与协同应用

表 5.15 软件应用列表

软件名称	用途
AutoDesk Revit Archtecture	建筑 BIM 模型
AutoDesk Revit Structure	结构 BIM 模型
AutoDesk Revit MEP	设备机电 BIM 模型
AutoDesk Navisworks	碰撞校核
Lumion	渲染漫游

4. 模型深度

最终交付的模型达到《民用建筑信息模型设计标准》中 3.0 级至 4.0 级的模型深度（表5.16）。

表 5.16　各专业模型深度

专业	模型深度
建筑专业	【GI$_{3.0}$, NGI$_{3.0}$】
结构专业	【GI$_{3.0}$, NGI$_{3.0}$】
暖通专业	【GI$_{3.0}$, NGI$_{3.0}$】
给排水专业	【GI$_{3.0}$, NGI$_{3.0}$】
电气专业	【GI$_{3.0}$, NGI$_{3.0}$】

5. 交付成果

根据甲乙双方的合同约定，向业主提供以下 BIM 交付内容（表 5.17）。

表 5.17　交付成果清单

交付清单	成果内容	格式
基础模型	建筑模型	Revit
	结构模型	Revit
	机电模型	Revit
文挡报告	碰撞报告	Word
三维动画	4D 施工模拟视频	Mp4
	商业室内、样板间可视化漫游	

（1）施工图基础模型（Nwd 格式）

建筑、结构、机电专业的模型，以设计单位所提交的最终版施工图为准。

（2）碰撞检测报告（Word 格式）

基于施工图模型内的所有内容，进行碰撞检测服务。通过三维方式发现图纸中的错漏碰缺与专业间的冲突。碰撞检测报告应包括模型截图、碰撞的位置、碰撞的专业等必要信息。

（3）机电管线综合模型（Nwd 格式）

基于施工图模型、设计方提供的调整后的机电管线图纸及修改意见，进行综合管线综合及优化设计。依据国家规范进行模型调整，形成管线综合及优化模型，完成管道综合图和结构留洞图。结构留洞图出图标准依据国家规范，且能充分说明结构留洞要求。成果示例见图5.48。

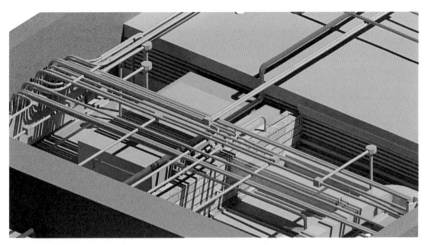

图 5.48 机电模型

（4）4D 施工模拟视频（mp4 格式）

基于施工单位提供的施工计划及施工组织，进行 4D 施工模拟。4D 施工模拟能充分展示施工现场进度，协助发包人及施工方控制项目进度，仅作为施工参考。

（5）工程量统计报告（Excel 格式）

基于以上阶段完成的 BIM 模型，进行主要材料的工程量统计，如各楼层梁、板、柱的混凝土用量、钢筋量、门窗数量等，机电专业的分型号设备数量、分专业风管尺寸及长度、水管尺寸及长度、桥架尺寸及长度等，仅用作工程概预算参考使用。

成果示例见表 5.18。

表 5.18

样板间管道明细表				样板间管件明细表				
族与类型	尺寸 mm	材质	合计	系统分类	系统名称	系统类型	尺寸 mm	合计
管道类型：标准	100	铜	1	循环回水	RH 2	RH 热回水	50-50-20	1
管道类型：标准	100	铜	1	循环回水	RH 2	RH 热回水	20-20	1
管道类型：标准	100	铜	1	循环供水	RG 2	RG 热给水	50-50-20	1
管道类型：标准	50	铜	1	循环供水	RG 2	RG 热给水	20-20	1
管道类型：标准	50	铜	1	循环回水	RH 2	RH 热回水	20-20	1

续表

样板间管道明细表				样板间管件明细表				
族与类型	尺寸mm	材质	合计	系统分类	系统名称	系统类型	尺寸mm	合计
管道类型:标准	50	铜	1	家用冷水	J2	J给水	50-50-20	1
管道类型:标准	50	铜	1	家用冷水	J2	J给水	20-20	1
管道类型:标准	50	铜	1	卫生设备	W3	W排水	100-100-100	1
管道类型:标准	50	铜	1	其他消防系统	X1	X消防	65-65	1
管道类型:标准	50	铜	1	其他消防系统	X1	X消防	65-65-65	1
管道类型:标准	50	铜	1	卫生设备	W3	W排水	100-100	1
管道类型:标准	50	铜	1	卫生设备	W3	W排水	100-100	1
管道类型:标准	20	铜	1	卫生设备	W3	W排水	100-100	1
管道类型:标准	50	铜	1	卫生设备	W3	W排水	100-100	1
管道类型:标准	20	铜	1	卫生设备	W3	W排水	100-100-100	1
管道类型:标准	20	铜	1	卫生设备	W3	W排水	100-100	1
管道类型:标准	20	铜	1	卫生设备	F2	F废水	100-100-75	1
管道类型:标准	50	铜	1	卫生设备	F2	F废水	75-75	1
管道类型:标准	20	铜	1	卫生设备	F2	F废水	75-75	1
管道类型:标准	20	铜	1	卫生设备	F2	F废水	75-75-75	1
管道类型:标准	20	铜	1	卫生设备	F2	F废水	75-75	1
管道类型:标准	20	铜	1	卫生设备	F2	F废水	75-75-75	1
管道类型:标准	20	铜	1	卫生设备	F2	F废水	75-75-75	1
管道类型:标准	20	铜	1	卫生设备	F2	F废水	75-75-75	1
管道类型:标准	20	铜	1	卫生设备	F2	F废水	75-75	1
管道类型:标准	50	铜	1	卫生设备	F2	F废水	75-75-50	1
管道类型:标准	20	铜	1	卫生设备	F2	F废水	50-50	1

（6）商业室内、样板间可视化漫游（mp4格式）

商业室内部分漫游，以设计单位所提交的最终版商业室内二次装修设计图为准，目的是为项目营销策划提供可互动式的展示方式。漫游文件同时可以导入Ipad等移动终端设备，方便在项目施工现场对设计成果做即时验证，辅助完成工程验收检查。

（本案项目北京市住宅建筑设计研究院有限公司提供）

5.2.6 中国建筑设计研究院创新科研示范楼

应用点评：该项目是以打造绿色建筑为目的的科研示范建筑。在设计中，设计团队充分利用 BIM 技术的优势，创建三维信息化模型，广泛进行各相关专业的模拟分析，通过日照分析、得热分析、阴影分析、高峰交通流量分析，全面优化建筑设计，实现节能、绿色的设计目的。该项目还通过结构与管线综合的协同，优化多专业的设计方案。

该项目在钢结构设计的信息传输与计算、软件双向对接、交互节点设计上，进行了不少有益的尝试并取得成绩。

该项目在绿色建筑设计中充分利用 BIM 技术，基本实现了绿色建筑的设计特点。

本项目工作方式为全专业 BIM 设计模式，最大程度保证设计过程与信息模型的即时性和一致性。项目团队针对 BIM 设计要求，着眼于 BIM 工程设计、协同设计以及 BIM 技术的研究拓展，以关注质量（精细化设计、标准化设计）和提高效率为中心，获得 BIM 设计方法在民用建筑全专业、全过程应用的成功经验，优化并局部修改了传统的设计流程。

1. 项目简介

中国建筑设计研究院创新科研示范楼，位于北京市西二、三环之间。属于在城市有机更新区的建设项目。综合考虑周边城市环境，营造高品质的办公场所是本项目的目标。本项目地上 14 层，地下 4 层。地上建筑面积约 2.1 万平方米。

项目难点：项目计划建成为一个高效的、节能的、智能控制的绿色建筑，并达到我国绿色建筑三星级标准。同时，在设计、施工、运营的建筑全生命期采用 BIM 方式。考虑周边住宅等建筑的日照条件及面积最大化要求，需要通过日照反推形体形成建筑的基本形态（图 5.49）。

图 5.49 项目难点示意

2. BIM 应用

（1）全过程 BIM 设计。

（2）依据日照条件对建筑形体切削形成的层层跌落的室外平台，是本建筑的最大特点之一。充分应用 Revit 模型的三维优势，将传统二维方式下传达不清的各种信息充分表现，以解决结构处理方式、屋面构造系统、设备综合布置等问题。利用分析模拟软件在平台的光、热环境等方面进行分析，并以此为依据安排平台人员活动的方式。

室外平台的九个 BIM 应用包括机电综合、轴测管线综合、构件可视化比较、监控点位模拟、平台得热分析、日照阴影分析、行为节能研究、室外风场分析、舒适度分析。

应用示例如下：

监控点位模拟。室外平台因其极大的开放性对后期的运营维护提出挑战，根据物业等部门提出的对平台室外全部区域进行监控的要求，利用 revit 的相机结合摄像头的实际参数，对监控点位的数量和位置进行了模拟。Revit 模型指导了这一部分的相关设计（图 5.50）。

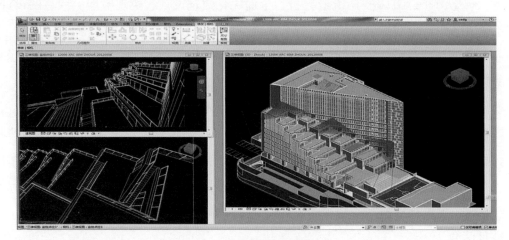

图 5.50　监控点位模拟

平台得热分析。将 Revit 模型通过 dxf 数据导入 Ecotect Analysis，对平台各个季节的得热和日照阴影进行模拟，发现露台虽然朝北，但全年仍有大部分时间可得到阳光，并可以以此为依据设置绿化植被位置和人员活动区域等（图 5.51）。

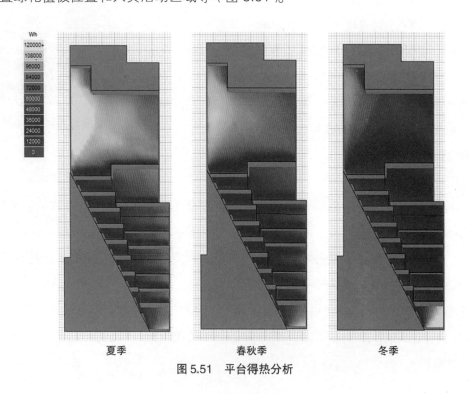

图 5.51　平台得热分析

日照阴影分析。将 Revit 模型通过 dxf 数据导入 Ecotect Analysis，对平台各个季节的得热和日照阴影进行模拟。依据阴影分析，重新组织了联系室外平台的楼梯方向，为平台上的人员活动提供更好的环境条件（图 5.52）。

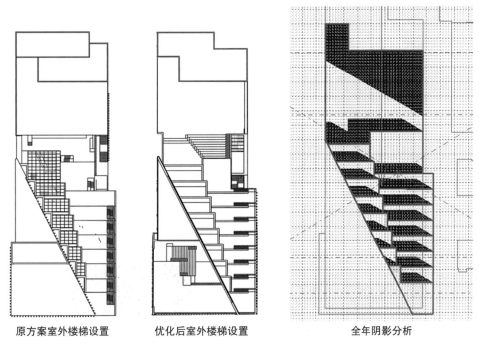

原方案室外楼梯设置　　　　优化后室外楼梯设置　　　　全年阴影分析

图 5.52　日照阴影分析

行为节能研究。本项目作为绿色建筑的另外一个重要理念，是"健康"。大量的开放平台为员工开展健康的活动提供了机会。同时每层之间有楼梯连接，这也为员工提供了比使用电梯更健康也更节能的交通方式。将 Revit 模型与 IES VE 软件相结合，对比了高峰时期（如中午员工同时下楼去食堂吃饭）平台楼梯和电梯的使用耗时对比。将 IES 软件中的疏散模拟转换为步行评测，电梯最长等候时间接近步行时间的 40%，单从效率上讲，步行已经具备优势。而这些数据可作为将来高峰期电梯运营管理的依据（图 5.53）。

室外风场分析。将 Revit 模型通过 sat 数据导入 Autodesk Simulation CFD，对室外各个季节的速度场和平台舒适度进行模拟分析。通过对周边速度场进行模拟，分析可开启窗户及设备取风口的位置、平台风速大小及风向；通过对平台舒适度进行模拟分析，可预知人员是否适宜平台活动（图 5.54）。

（3）陶板幕墙的四个 BIM 应用包括多方案可视化、构件统计分析、立体墙身表达。应用示例如下：

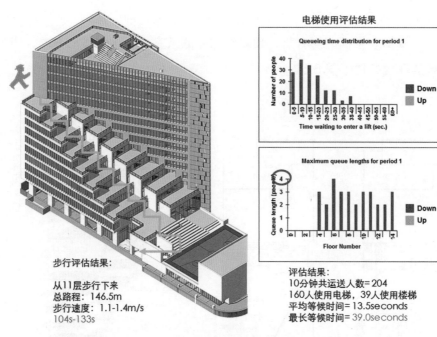

步行评估结果:

从11层步行下来
总路程: 146.5m
步行速度: 1.1-1.4m/s
104s-133s

评估结果:
10分钟共运送人数=204
160人使用电梯,39人使用楼梯
平均等候时间=13.5seconds
最长等候时间=39.0seconds

图 5.53　行为节能研究

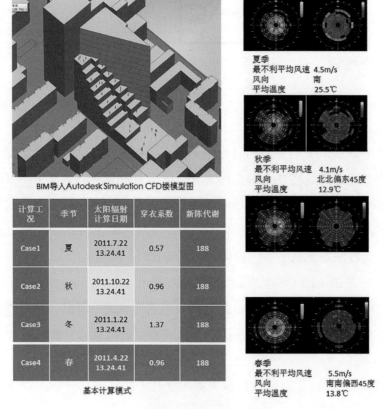

BIM导入Autodesk Simulation CFD楼模型图

计算工况	季节	太阳辐射计算日期	穿衣系数	新陈代谢
Case1	夏	2011.7.22 13.24.41	0.57	188
Case2	秋	2011.10.22 13.24.41	0.96	188
Case3	冬	2011.1.22 13.24.41	1.37	188
Case4	春	2011.4.22 13.24.41	0.96	188

基本计算模式

夏季
最不利平均风速　4.5m/s
风向　　　　　　南
平均温度　　　　25.5℃

秋季
最不利平均风速　4.1m/s
风向　　　　　　北北偏东45度
平均温度　　　　12.9℃

春季
最不利平均风速　　5.5m/s
风向　　　　　　南南偏西45度
平均温度　　　　13.8℃

图 5.54　室外风场分析

多方案可视化。在 Revit 中直接修改局部方案，并使用 Autodesk 360 云渲染服务获得更真实的材料比较效果，且实效性不逊于 sketchup 等软件（图 5.55）。

西立面原方案　　　　　　　　　　　　西立面改进方案

图 5.55　多方案可视化示例

立面得热分析。立面深化调整与 Ecotect 分析相结合，得到支持优化设计的理性依据（图5.56）。

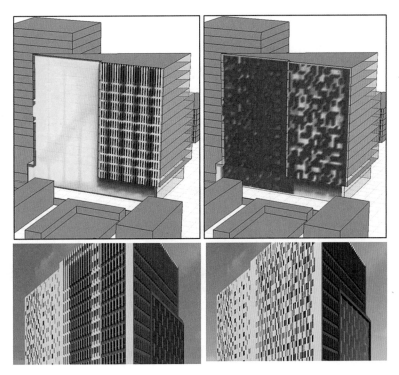

图 5.56　西立面夏季平均得热分析

立体墙身表达。利用 BIM 三维的优势，以大量的剖轴测图来传递信息，比如幕墙深化设计图等（图 5.57）。

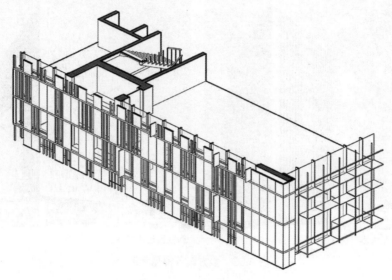

图 5.57　立体墙身表达

（4）钢结构的三个 BIM 应用包括软件交互计算、结构平面图生成、钢结构后续加工图设计。

3. 软件与协同应用（图 5.58、表 5.19）

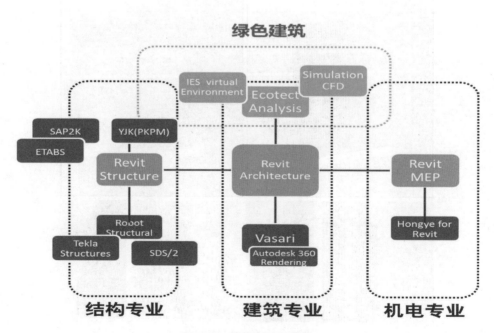

图 5.58　软件应用示意图

表 5.19　软件应用列表

软件名称	用途
AutoDesk Revit Archtecture	建筑 BIM 模型
	建筑施工图
AutoDesk Revit Structure	结构 BIM 模型
	结构施工图
AutoDesk Revit MEP	设备机电 BIM 模型
AutoDesk Ecotect	日照分析、能量分析
AutoDesk Navisworks	碰撞校核
Autodesk CFD/IES	绿色分析、能耗分析、气候分析
Autodesk Vasari	体量模型、风环境分析
Autodesk 360 Rendering	云渲染、云存贮
Tekla Structure	钢结构 BIM 模型
	计算分析
	结构施工图
SAP2K	结构计算分析

（1）制定"BIM 实施标准（试行）"

项目开始之初，项目团队在二维协同基础上，制定"BIM 实施标准（试行）"，用于规范建筑、结构、给排水、暖通、电气协作行为标准和各专业软件之间文件交付与传递标准，更好的实现 BIM 价值。

（2）信息模型的更新与传递

设计团队采用 BIM 全专业全过程设计，建筑、结构、机电专业分别用各自的模型进行设计，通过中心文件相互链接，确保"信息唯一传递"——时时完全对应的 3D 模型和 2D 图纸成果。

（3）设计人员之间的协同交流

通过调整原有各专业资料互提形式，借助网络电子通信工具，做到"正确"的模型信息调整适时、准确地通知到每位设计人员。

4. 模型深度

最终交付的模型达到《民用建筑信息模型设计标准》中规定的 3.0 级的深度等级（表 5.20）。

表 5.20　各专业模型深度

专业	模型深度
建筑专业	【GI$_{3.0}$，NGI$_{3.0}$】
结构专业	【GI$_{3.0}$，NGI$_{3.0}$】
暖通专业	【GI$_{3.0}$，NGI$_{3.0}$】
给排水专业	【GI$_{3.0}$，NGI$_{3.0}$】
电气专业	【GI$_{3.0}$，NGI$_{3.0}$】

5. 交付成果

在施工图设计完成后，根据甲乙双方的合同约定，向业主提供以下 BIM 交付内容（表 5.21 ）。

表 5.21　交付成果清单

交付清单	成果内容	格式
基础模型和管综模型	建筑模型	Revit
	结构模型	Revit/Tekla
	机电模型	Revit
	所有原始设计模型转换的浏览、碰撞模型	Navisworks
	所有原始设计模型转换的浏览、校审模型	Design Reviewer
	所有原始设计模型转换的浏览模型	Autodesk Cad
文档报告	各类模拟与分析	Word、Excel
	各类数据统计表格	Word、Excel
	碰撞检查报告	Navisworks 和 Word
图纸	全套施工图	Revit、PDF、CAD
	关键部位轴测图、管线综合图	
三维动画	室内室外三维动画	Avi

（1）设计图纸（PDF 电子图纸及纸质图纸）

建筑、结构、机电专业，由 Revit 直接创建、编辑 BIM 模型，生成各类图纸及对应的三维视图图纸。图纸格式为 PDF、DWF、CAD。

（2）Navisworks 浏览 BIM 模型

建筑、结构、机电专业，各自基于 Revit 模型，创建生成 Navisworks 浏览模型一套。

分楼层集合各专业，基于 Revit 模型，创建生成 Navisworks 浏览模型一套。

完整项目，基于 Revit 模型，创建生成 Navisworks 浏览模型一套。

（3）DWF 浏览 BIM 模型

分楼层，基于 Revit 模型，创建生成 DWF 浏览、校审模型一套。

完整项目，基于 Revit 模型，创建生成 DWF 浏览、校审模型一套。

（4）AutoCAD DWG 模型

分楼层，基于 Revit 模型，创建生成 AutoCAD DWG 浏览、校审模型一套。

完整项目，基于 Revit 模型，创建生成 AutoCAD DWG 浏览、校审模型一套。

（本项目由中国建筑设计研究院提供）

5.2.7　华都中心项目 BIM 施工图设计

应用点评：该项目是一个大型城市综合体商业建筑，设计团队利用 BIM 技术组织攻关。首先明确项目的交付深度，划分详尽的文件细则，并分配到人，建立系统化的命令体系，为数据的添加创造条件；制定了构件和参数化层级，确定了各专业间信息传递的模式，特别是规范了模型创建的操作规程，这就实现了将信息最大化地融入模型；同时创建云平台作为信息交换手段，保证二十多家设计及顾问团队的协同工作；最重要的是通过参数建立了生命期特征的数字化模型，为后续的施工招标、施工组织及以后的物业管理和设备运营维护创造了条件。该项目的 BIM 技术应用达到了相当的深度和广度。

1. 项目简介

华都中心坐落于北京市东三环西侧，属于燕莎商圈核心区域，北临新源南路，西临三里屯路，南望亮马河，东侧与昆仑公寓及昆仑饭店毗邻。整个项目包括高层办公塔楼、一栋酒店及办公塔楼、一栋多层美术馆（图 5.59）。

总用地面积 27312.25 平方米；总建筑面积 229107 平方米。其中：地上 147108 平方米，地下 81999 平方米。容积率 5.5；建筑密度 43.6%。建筑主体高度：高层办公塔楼 100.6 米；酒店办公塔楼 99.85 米；美术馆 21.60 米。建筑层数：地上 22 层，地下 4 层。停车数量：821 辆。

图 5.59　华都中心项目效果图

　　本项目在方案及初步设计阶段的高层部分是以 KOHN PEDERSEN FOX ASSOCIAT 为主，多层美术馆由安藤忠雄事务所负责，结构主责方为 THORNTON TOMASETTI INC，机电顾问为香港柏诚，中国建筑设计研究院（以下简称 CADG）主责地下室部分，并用 BIM 模型进行核查纠错。

　　本设计在施工图阶段进入全专业 BIM 设计，除外立面幕墙外，全部由 CADG 主责设计。

　　施工图阶段项目设计难点：外部顾问团队庞大，分布世界各地，前期各方沟通不畅；方案及初步设计不完善，施工图阶段修改量大；作为大型城市综合体，功能流线复杂；空间形态多样，变化丰富，多斜角、异形、曲面空间；业主对净高要求严格，机电管线综合的难度大。

2. BIM 应用

　　（1）通过 BIM 模型整合外部顾问方的设计条件。方案初期阶段，将近 20 家欧、美、日等国家，香港等地区的设计咨询顾问陆续加入。在施工图设计阶段，中国建筑设计研究院华都项目设计团队作为主导方，通过实施 BIM 技术将各方的设计条件、信息整合在数字模型中（图 5.60）。

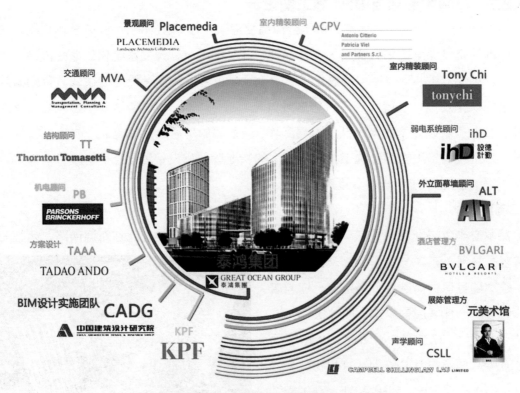

图 5.60　通过 BIM 模型整合各顾问方的设计条件

　　（2）建立供业主和各顾问方进行校验、分析、管理和决策的信息共享平台。

　　（3）实现了精细化设计，为日后室内精装的深化设计提供了便利条件（图 5.61）。

图 5.61　精细化设计示例

（4）通过模型直接生成施工图文件，保证了图纸的准确性和工作的高效率（图 5.62）。

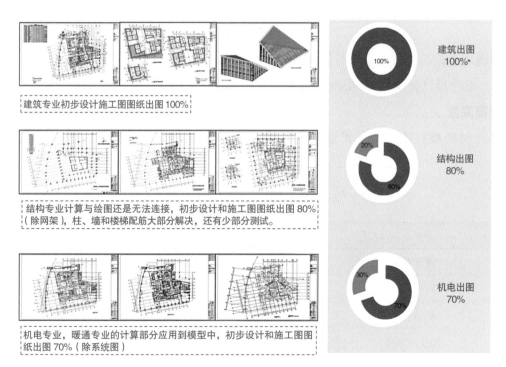

建筑专业初步设计施工图图纸出图 100%

建筑出图
100%

结构专业计算与绘图还是无法连接，初步设计和施工图图纸出图 80%（除网架），柱、墙和楼梯配筋大部分解决，还有少部分测试。

结构出图
80%

20%
80%

机电专业，暖通专业的计算部分应用到模型中，初步设计和施工图图纸出图 70%（除系统图）

机电出图
70%

30%
70%

图 5.62　各专业施工图出图比例

（5）强化了信息传递。如：通过模型信息关联生成房间明细表、电梯明细表、门窗明细表、设备明细表、防火分区面积统计表、建筑面积统计表等应用表格。房间明细表包含编号、面积、净高、装修做法、设计人数、疏散宽度、声学要求等信息数据，以便于下一步将信息传递给深化设计和施工算量。

3. 软件与协同应用（表5.22）

表5.22　软件应用列表

软件名称	用途
AutoDesk Revit Archtecture	建筑 BIM 模型
	建筑施工图
AutoDesk Revit Structure	结构 BIM 模型
	结构施工图
AutoDesk Revit MEP	设备机电 BIM 模型
Autodesk Design review	成果展示、交付
Rhinoceros	形态推敲及外幕墙设计
PKPM	结构计算
SAP 2000	钢结构分析

中国建筑设计研究院华都项目组是由多部门合作、将近60位建筑师和工程师构成的综合设计团队，综合设计团队在以 Revit 为基础的工作平台上实现协同工作。

4. 模型深度

最终交付的模型达到《民用建筑信息模型设计标准》中规定的 3.0 级的深度等级（表5.23）。

表5.23　各专业模型深度

专业	模型深度
建筑专业	【$GI_{3.0}$，$NGI_{3.0}$】
结构专业	【$GI_{3.0}$，$NGI_{3.0}$】
暖通专业	【$GI_{4.0}$，$NGI_{3.0}$】
给排水专业	【$GI_{4.0}$，$NGI_{3.0}$】
电气专业	【$GI_{2.0}$，$NGI_{2.0}$】

5. 交付成果

根据甲乙双方的合同约定，向业主提供以下 BIM 交付内容。交付成果包括全套二维图纸、三维 NWF 格式和 DWF 格式的全专业管综模型（表 5.24）。

表 5.24 交付成果清单

交付清单	成果内容	格式
基础模型和管综模型	建筑模型	Revit
	结构模型	Revit/Tekla
	机电模型	Revit
	所有原始设计模型转换的浏览、碰撞模型	Navisworks
	所有原始设计模型转换的浏览、校审模型	Design Reviewer
	所有原始设计模型转换的浏览模型	Autodesk CAD
文档报告	各类模拟与分析	Word、Excel
	各类数据统计表格	Word、Excel
	碰撞检查报告	Navisworks 和 Word
图纸	全套施工图	Revit、PDF 或 CAD
	关键部位轴测图、管线综合图	
三维动画	室内室外三维动画	Avi

（1）设计图纸（PDF 电子图纸及纸质图纸）

建筑、结构、机电专业，由 Revit 直接创建、编辑 BIM 模型，并直接生成各类图纸及对应的三维视图图纸。图纸格式为 PDF、DWF、CAD。

（2）Navisworks 浏览 BIM 模型

建筑、结构、机电专业，各自基于 Revit 模型创建生成 Navisworks 浏览模型一套。

分楼层，集合各专业，基于 Revit 模型，创建生成 Navisworks 浏览模型一套。

完整项目，基于 Revit 模型，创建生成 Navisworks 浏览模型一套。

（3）DWF 浏览 BIM 模型

分楼层，基于 Revit 模型，创建生成 DWF 浏览、校审模型一套。

完整项目，基于 Revit 模型，创建生成 DWF 浏览、校审模型一套。

（4）AutoCAD DWG 模型

分楼层，基于 Revit 模型，创建生成 AutoCAD DWG 浏览、校审模型一套。

完整项目，基于 Revit 模型，创建生成 AutoCAD DWG 浏览、校审模型一套。

（本项目由中国建筑设计研究院提供）

5.2.8　武汉汉街万达广场购物中心

应用点评：本项目的 BIM 应用使设计和施工融为一体，并向后延伸到了运营维护阶段，使建筑设计中涉及的各专业都汇集到统一的平台上来工作。通过项目各方的协同工作确保建筑信息的完整性和准确性，避免信息传递错误和信息回流等问题。

1. 项目简介

武汉汉街万达广场位于武昌区沙湖路东侧，位于楚河汉街以南，规划路以西。汉街万达广场是将国际奢侈品卖场、世界一流精品店、高端餐饮店和顶级影院集为一体的奢华购物广场，占地 3.39 万平方米，由国际知名设计公司 UN Studio 担纲设计，是结合现代和传统设计元素的"梦想之作"（图 5.63）。

图 5.63　武汉汉街万达广场购物中心效果图

总建筑面积：13.45 万平方米，地下两层：4.65 万平方米，地上六层：8.80 万平方米。外维护：铝板玻璃幕墙、球型灯珠；结构形式：混凝土与幕墙钢结构。

项目设计难点：汉街万达广场作为设计新颖、定位高端的大型综合体项目，存在建筑形体不规则、机电管线系统复杂、装修净高难于控制、幕墙结构复杂多变等众多困难。

2. BIM 应用

依据项目特点及业主需求，明确以下应用点：

（1）专业图纸复核：按照图纸进行模型搭建，以达到对全专业设计图纸的校核，及早进行图纸纠错。

（2）全专业冲突检测：在虚拟建造之后，对全专业模型进行碰撞检测，包括建筑结构不交圈、机电与结构硬碰撞、机电管线间碰撞、幕墙与多专业冲突检测，及时发现问题并解决，避免了施工拆改，节约了成本。

（3）深化设计：基于模型，对相关专业进行深化设计、通过控制图纸准确度以达到控制项目质量的目的，主要包括以下几方面：建筑净高控制与复核；结构留洞复核；室内精装综合与优化；利用 BIM 技术完成幕墙外立面分格优化；屋顶美化控制（屋面综合设计评审）。

（4）数据统计与复查：利用模型进行建筑面积分类统计及复核。

（5）模拟与分析：利用模型进行相关的模拟与分析工作，例如：室外总体分析与复核（景观、市政）等工作。

（6）可视化：多专业、全过程基于模型进行可视化交流，提高了沟通、审图、决策及施工效率。

3. 软件与协同应用（表 5.25）

表 5.25 软件应用列表

软件名称	用途
AutoDesk Revit Archtecture	搭建建筑 BIM 模型
AutoDesk Revit Structure	搭建结构 BIM 模型
AutoDesk Revit MEP	搭建设备机电 BIM 模型
AutoDesk Navisworks	碰撞校核、可视化交流
Catia	幕墙参数化建模

协同应用基于服务器共享盘进行，在服务器上设置了一个共享文件夹，每个项目具有不同的子文件夹，设立专门的协同运维人员。在日常工作中由协同运维人员创建项目协同模板，并对该文件夹的详细内容和人员权限进行维护。在平台上完成 BIM 项目的专业配合、质量管理、进度管理、出版归档等工作。

4. 模型深度

最终交付的模型达到《民用建筑信息模型设计标准》中 1.0 级至 4.0 级的深度（表 5.26）。

表 5.26　各专业模型深度

专业	模型深度	备注
幕墙外立面分格优化	【GI$_{4.0}$, NGI$_{4.0}$】	
建筑专业	【GI$_{3.0}$, NGI$_{2.0}$】	非几何信息部分达到 2.0
结构专业	【GI$_{3.0}$, NGI$_{1.0}$】	非几何信息达到 1.0
暖通专业	【GI$_{2.0}$, NGI$_{2.0}$】	非几何信息部分达到 2.0
给排水专业	【GI$_{2.0}$, NGI$_{2.0}$】	非几何信息部分达到 2.0
电气专业	【GI$_{2.0}$, NGI$_{2.0}$】	非几何信息部分达到 2.0

5. 交付成果

根据甲乙双方的合同约定，向业主提供以下 BIM 交付内容、交付深度和交付数据格式等具体内容和形式。BIM 服务的主要交付内容见表 5.27。

表 5.27　交付成果清单

交付清单	成果内容	格式
基础模型和管综模型	建筑模型	Revit
	结构模型	Revit
	暖通（采暖、空调、通风系统）模型	Revit
	给水排水（给水、排水、消防、喷淋系统）模型	Revit
	电气（强电、弱电桥架系统）模型	Revit
	所有 Revit 模型转换为 Navisworks2012 版模型	NWD
幕墙模型	应用 Catia 软件建立的幕墙模型	Catia
文档报告	Navisworks 碰撞报告	Word
	各层空间优化报告	Word
	幕墙与机电、建筑、结构碰撞问题报告	Word
	验证按照装修图进行的 BIM 空间设计	Revit
	提出将百货公共区新风系统全部移至商铺的优化方案	Revit
	确定机电管线管综方案，并出指导施工的剖面图	Revit CAD
	净高控制方案	Revit CAD

（1）模型：项目主体的各专业模型，分为基础模型和优化后模型，格式包括原始建模模型及轻量化浏览模型。

成果示例见图 5.64 ~ 图 5.66。

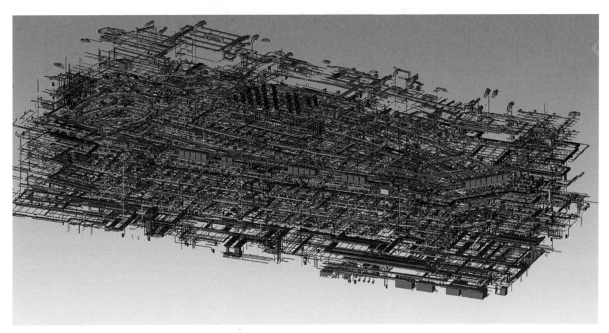

图 5.64 机电综合 BIM 模型

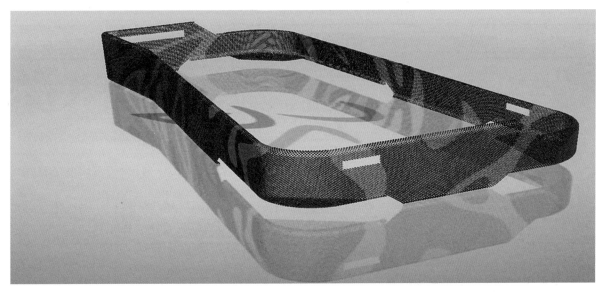

图 5.65 幕墙专业模型

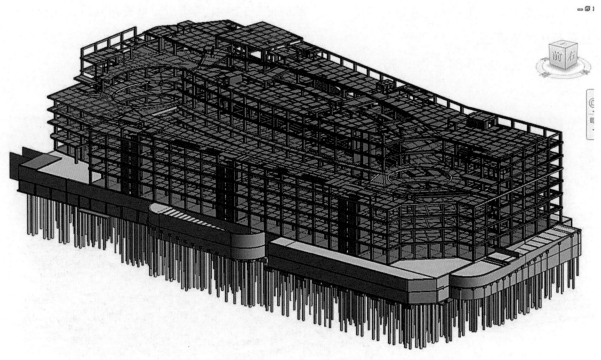

图 5.66　结构专业模型

（2）文档：在模型的基础上进行的各种碰撞检查报告、优化报告等。成果示例见表 5.28。

表 5.28　各层空间优化报告

楼层	简要情况（非公共区域）	备注
F1	大部分净高 4600mm	最低点 4570mm（详见 CAD 控制图）
F2	大部分净高 4100mm	最低点 3950mm——此位置多处冷凝坡度水管（详见 CAD 控制图）
F3	大部分净高 3500mm	最低点 3100mm——管井处（详见 CAD 控制图）
F4	大部分净高 3400mm	最低点 2950mm——餐厅外管廊（详见 CAD 控制图）
F5	大部分净高 3700mm	其余区域净高 3700mm（详见 CAD 控制图）

（3）图纸：深化设计后提供的优化方案图纸。成果示例见图 5.67。

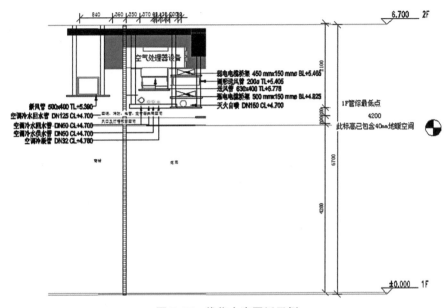

图 5.67　优化方案图纸示例

（本项目由悉地（北京）国际建筑设计顾问有限公司提供）

5.2.9　重庆国际马戏城

应用点评：方案设计阶段应用 BIM 研究造型和优化，初步设计及施工图阶段应用 BIM 进行全专业建模，通过模型实现复杂空间三维校核和专业协调，进行曲面幕墙优化，节约了造价，同时以 BIM 模型指导加工。

通过 BIM 协同设计，协调组织多个合作设计方，实现工程信息流转。

1. 项目简介

重庆国际马戏城位于重庆市主城区弹子石组团 A 标准分区，是重庆十大文化建筑之一。其设计理念来源于马戏表演动静和谐、亦真亦幻的效果呈现。两条扭动流转的曲线造型契合了重庆山环水绕的城市景观与自然肌理，隐喻连绵起伏的群山与曲转流长的长江，以其独特的外观效果成就了建筑自身的标志性。建筑功能包括主表演馆、配套服务设施、动物驯养用房、办公公寓等四个部分，将成为重庆市的一张文化名片（图 5.68）。

总用地面积 33330 平方米；总建筑面积

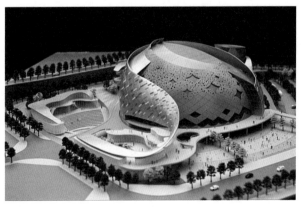

图 5.68　重庆国际马戏城效果图

37181 平方米；座位数：1498 个；建筑高度：主表演馆 49.78 米；结构形式：钢筋混凝土结构，局部钢结构。

项目设计难点：方案造型复杂，室内空间形状不规则，需要借助 BIM 模型完成方案深化与施工图设计。同时，作为大型综合性剧场，重庆国际马戏城项目需要与多家专项设计公司配合完成设计，BIM 技术为多方配合工作提供了平台。

2. BIM 应用

在方案阶段，应用 Rhinoceros 软件快速将手工工作模型转化为计算机模型。借助计算机模型对方案进行理性的评估、优化、深化，更好地控制建筑的外部形式和内部空间。

以 Revit 为平台的三维信息模型，帮助建筑师更直观、准确地理解复杂的建筑空间，同步完成对原有设计的深化和对复杂节点与空间的推敲。同时，通过 BIM 模型辅助二维出图，保证了图纸的准确性，提高了工作效率。

由于建筑造型及表皮的复杂性，在初步设计及施工图设计阶段，使用 Catia、Rhinoceros 软件将与建筑造型外表皮相关的建筑、结构、设备专业需求整合在幕墙模型中，在三维信息模型中协调各专业间的要求与矛盾。通过 Catia 软件完成对幕墙曲面的曲率分析、面板划分和面板优化，将 60% 的曲面面板优化为平板，在保证视觉效果的前提下，节约了造价。

结构设计中引入性能化设计理念，将 SPA2000 与 Midas 结构模型计算结果返回 Revit 模型，指导和控制施工图设计。复杂结构节点采用 Catia 建模，根据 ANSYS 节点分析计算结果，运用 Catia 模型进行三维节点精确放样。

通过 Navisworks 进行碰撞检查，清晰明了地看到结构对机电、机电对机电之间的所有冲突问题。及时修正设计，避免了施工中的经济损失。

在施工图完成过程中应用 BIM 模型与消防性能化设计、节能审查、舞台机械设计、园林设计、内部精装修设计等专项设计公司配合，由设计单位提供 BIM 模型，为专项深化设计提供准确的数据条件，使专项设计能够快速展开工作。

3. 软件与协同应用（表 5.29）

表 5.29　软件应用列表

软件名称	用途
Autodesk Revit Architecture	建筑专业 BIM 模型
	建筑施工图
Autodesk Revit Structure	结构专业 BIM 模型
	结构施工图
Autodesk Revit MEP	设备机电专业 BIM 模型

续表

软件名称	用途
Autodesk Navisworks	碰撞检查
Catia	外幕墙及复杂曲面的建模及参数化设计
Rhinoceros	形态推敲及外幕墙设计
	Catia 模型导入 Revit 模型的中间媒介

4. 模型深度

最终交付的模型达到《民用建筑信息模型设计标准》中 2.0 级至 4.0 级的深度（表 5.30）。

表 5.30　各专业模型深度

专业	模型深度
幕墙外立面分格优化	【$GI_{4.0}$，$NGI_{4.0}$】
建筑专业	【$GI_{3.0}$，$NGI_{3.0}$】
结构专业	【$GI_{3.0}$，$NGI_{3.0}$】
暖通专业	【$GI_{4.0}$，$NGI_{3.0}$】
给排水专业	【$GI_{4.0}$，$NGI_{3.0}$】
电气专业	【$GI_{2.0}$，$NGI_{2.0}$】

5. 交付成果

根据甲乙双方的合同约定，向业主提供以下 BIM 交付内容、交付深度和交付数据格式等具体内容和形式。

BIM 服务的主要交付内容见表 5.31。

（1）BIM 图纸（PDF 电子图纸及纸质图纸）：由 RevitBIM 模型和 AutoCAD 创建分楼层平面及对应的三维视图图纸。

（2）BIM 模型：由 RevitBIM 模型创建全专业信息模型，由 Catia 创建幕墙信息模型，由 Navisworks 整合浏览、模拟、管线综合模型。

（3）数据文件：由 BIM 模型生成幕墙面板定位信息数据库和钢结构定位信息数据库。

表 5.31　交付成果清单

交付清单	成果内容	格式
BIM 模型	建筑 + 结构模型	Revit
	机电模型	Revit
	幕墙模型	Rhinoceros
	整合模型	Navisworks
数据文件	幕墙面板定位信息数据库	Excel
	钢结构定位信息数据库	Excel

（本项目由北京市建筑设计研究院有限公司提供）

5.2.10　杭州奥体中心体育游泳馆

应用点评：杭州奥体中心体育场游泳馆项目，建筑面积 40 万平方米，因其特殊的钢结构造型，需运用 BIM 技术方能更好地实现设计，主要运用了 Rhino、Microstation 及 Catia 软件。BIM 应用深度及协同都有很好的表现，尤其是全过程协同平台极大地提高了工作效率。

1. 项目简介

杭州奥体中心体育游泳馆位于杭州奥体博览中心内北侧，北临钱塘江，西临七甲河，是一座集合了体育馆、游泳馆、商业设施和停车设施等复杂内容的庞大综合体建筑，总建筑面积近 40 万平方米。用地面积 227900 平方米；体育馆约 18000 座，地上五层，地下一层，建筑高度 45 米（最高点）；游泳馆 6000 座，地上三层，地下一层，建筑高度 35 米（最

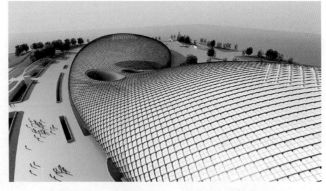

图 5.69　杭州奥体中心体育游泳馆效果图

高点）；配套商业设施 86000 平方米；地下停车库 126000 平方米；冷热源 3800 平方米（图 5.69）。

项目设计难点：

（1）如何适应复杂环境。

（2）如何参数化自动生成复杂曲面造型。

（3）如何使复杂的钢结构与建筑紧密一致。

（4）如何在超复杂空间下整合机电系统。

（5）如何建立有效的 BIM 协作平台，保证设计团队的协同作业、提高生产效率。

2. BIM 应用

通过 BIM 技术完成包括建筑造型设计、结构设计、机电设计、分析统计、碰撞检查、幕墙深化、设计输出、协作设计等工作，重点是实现参数化设计和设计的数据输出（图 5.70 ~ 图 5.72）。

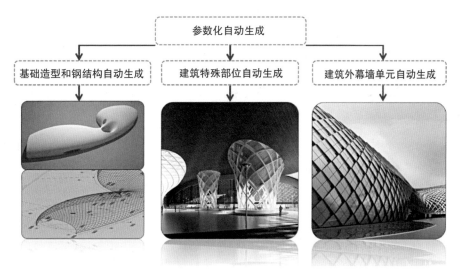

图 5.70　参数化设计应用范围示意图

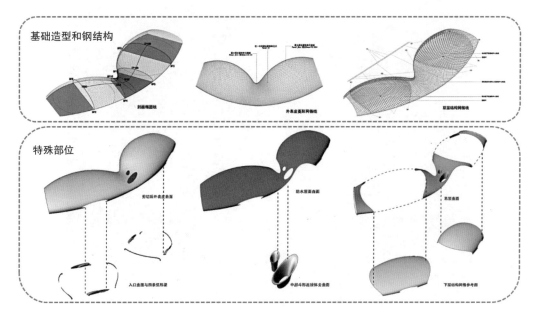

图 5.71　参数化设计应用示例

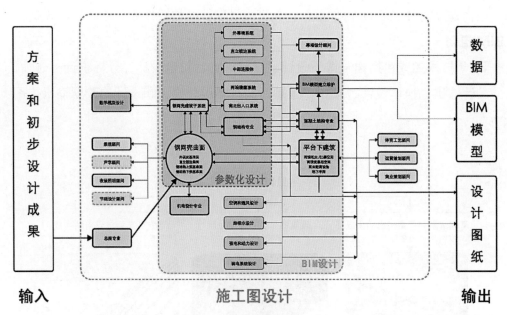

图 5.72　BIM 应用流程示意图

设计输出示例：

（1）数据输出（DATA）——外幕墙面板（图 5.73）

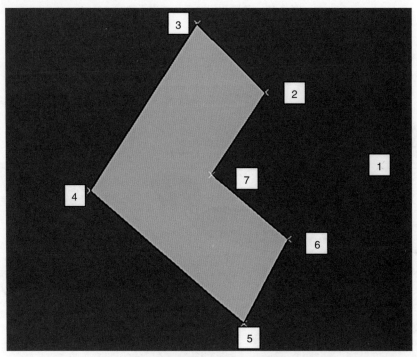

图 5.73　外幕墙面板数据输出

	A	B	C	D	E	F	G	H	I	J
	PanelName	Pt1_X	Pt1_Y	Pt1_Z	Pt2_X	Pt2_Y	Pt2_Z	Pt3_X	Pt3_Y	Pt3_Z
	Panel_001_001	-200.02598	-271.84292	2.09278	-199.6296	-271.49883	2.58844	-199.13798	-271.07207	3.20318
	Panel_001_002	-199.92269	-271.55573	4.30108	-199.56036	-271.38294	4.89973	-199.18098	-271.20201	5.52657
	Panel_001_003	-200.0982	-272.04373	6.47039	-199.75823	-272.05385	7.1123	-199.46733	-272.06251	7.66156
	Panel_001_004	-200.48893	-273.13008	8.38523	-200.15872	-273.28527	9.02054	-199.91623	-273.39923	9.48709
	Panel_001_005	-201.00924	-274.57673	10.01345	-200.68252	-274.83435	10.61976	-200.46102	-275.00901	11.0308
	Panel_001_006	-201.6048	-276.2326	11.40074	-201.27917	-276.56165	11.97157	-201.0635	-276.77958	12.34965
	Panel_001_007	-202.24644	-278.01658	12.59645	-201.92114	-278.39646	13.13166	-201.70283	-278.65141	13.49084
	Panel_001_008	-202.91818	-279.88425	13.63853	-202.59309	-280.30127	14.14002	-202.36709	-280.59116	14.48865
	Panel_001_009	-203.61073	-281.80976	14.55443	-203.28595	-282.25449	15.02465	-203.04905	-282.5789	15.36764
	Panel_001_010	-204.3183	-283.77705	15.3641	-203.99405	-284.24282	15.80544	-203.74407	-284.60192	16.1457
	Panel_001_011	-205.03711	-285.7756	16.08232	-204.71363	-286.2575	16.49697	-204.44902	-286.6517	16.83614
	Panel_001_012	-205.76456	-287.79817	16.72022	-205.44207	-288.2925	17.11011	-205.1617	-288.72227	17.44908

图 5.73　外幕墙面板数据输出（续）

（2）数据输出（DATA）——钢结构（图 5.74）

Struc_lower_U_009			
Node_lower_U009_Gate_A3	-193.26334	-294.3914	14.63908
Node_lower_U009_V019	-191.8851	-293.45544	14.59696
Node_lower_U009_V020	-188.46129	-291.12113	14.44153
Node_lower_U009_V021	-184.92217	-288.71323	14.20667
Node_lower_U009_V022	-181.2567	-286.2481	13.8865
Node_lower_U009_V023	-177.45208	-283.74538	13.47457
Node_lower_U009_V024	-173.51781	-281.22494	12.95999
Node_lower_U009_V025	-169.42219	-278.71827	12.33679
Node_lower_U009_V026	-165.13342	-276.26306	11.59689
Node_lower_U009_V027	-160.73493	-273.89104	10.71408
Node_lower_U009_V028	-156.16446	-271.66993	9.68115
Node_lower_U009_V029	-151.45253	-269.67754	8.47687
Node_lower_U009_V030	-146.63043	-268.02282	7.07728
Node_lower_U009_V031	-141.75302	-266.84278	5.41994
Node_lower_U009_V032	-136.89118	-266.3451	3.31264
Node_lower_U009_V033	-132.09406	-266.84183	0.62895

图 5.74　钢结构数据输出

（3）剖切和投影输出——配合二维 Microstation（图 5.75）

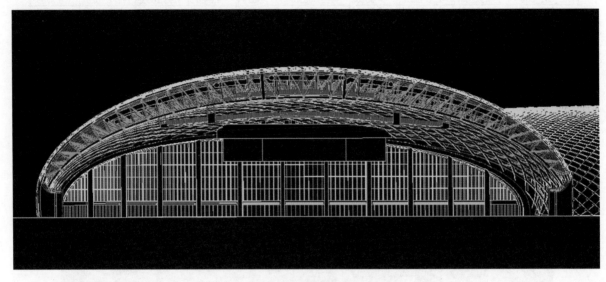

图 5.75　剖切和投影输出

（4）三维和二维组合输出（图 5.76）

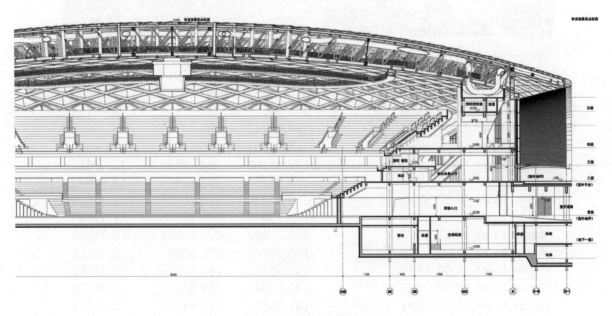

图 5.76　三维和二维组合输出

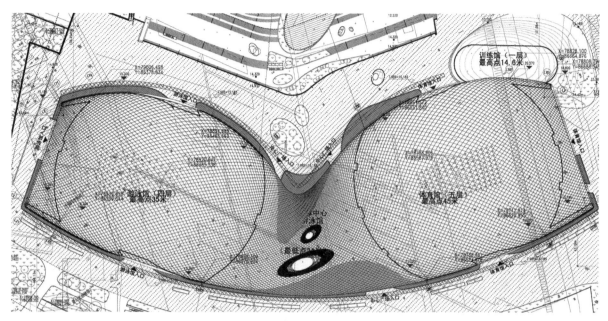

图 5.76 三维和二维组合输出（续）

3. 软件与协同应用（表 5.32）

表 5.32 应用软件列表

软件名称	用途
Microstation	平面设计
Autodesk 3DS MAX	方案设计细节处理
Rhino	方案时期的基础形态
	初步设计特殊部位
Rhinoscript	参数化建模
Grasshopper	参数化建模
Catia	整合、细化模型
	实现设计输出
GC	初步设计参数化建模

各软件分工和使用阶段如下：

平面工作由 Microstation 完成；

方案时期的基础形态由 Rhino 生成，3DSMAX 进行细节加工；

初步设计时期引入 GC 对造型进行参数化设计，特殊部位使用 Rhino 生成，用 Catia 进行综合并输出；

施工图阶段由 GC 转移至 Rhino 平台，并采用 Rhinoscript+Grasshopper 实现从总体造型到特殊部位全过程的参数化设计，用 Catia 进行整合、细化和 BIM 应用，并在 Catia 中实现输出（图 5.77、图 5.78）。

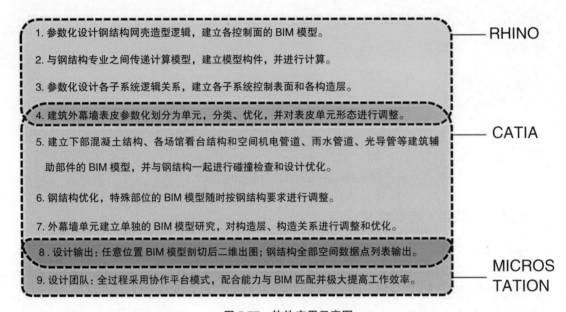

图 5.77　软件应用示意图

图 5.78　协同工作文件夹示意图

4. 模型深度

最终交付的模型达到《民用建筑信息模型设计标准》中规定的 3.0 级的深度等级（表5.33）。

表 5.33　各专业模型深度

专业	模型深度
幕墙外立面分格优化	【$GI_{4.0}$，$NGI_{4.0}$】
建筑专业	【$GI_{3.0}$，$NGI_{3.0}$】
结构专业	【$GI_{3.0}$，$NGI_{3.0}$】
暖通专业	【$GI_{4.0}$，$NGI_{3.0}$】
给排水专业	【$GI_{4.0}$，$NGI_{3.0}$】
电气专业	【$GI_{2.0}$，$NGI_{2.0}$】

5. 交付成果

根据甲乙双方的合同约定，向业主提供以下 BIM 交付内容、交付深度和交付数据格式等具体内容和形式。

BIM 服务的主要交付内容见表 5.34。

表 5.34　交付成果清单

交付清单	成果内容	格式
基础模型和管综模型	建筑模型	Rhino
	结构模型	Rhino
	机电模型	Rhino
文档报告	坐标列表输出	EXCEL
三维动画	参数化生成演示	Mpg

（1）BIM 图纸（PDF 电子图纸及纸质图纸）：由 BIM 模型创建分楼层平面及对应的三维视图图纸。

成果示例见图 5.79。

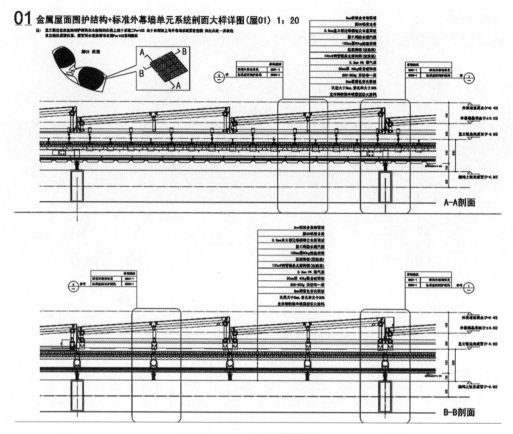

图 5.79　剖面大样详图

（2）Rhino 浏览模拟 BIM 模型：基于 CATIA 模型，创建浏览、模拟、管综模型一套。

（3）AutoCAD DWG 文件：分楼层，基于 Revit BIM 模型，创建 AutoCAD DWG 文件一套。

（本项目由北京市建筑设计研究院有限公司提供）

5.2.11　北京地铁九号线丰台科技园站项目

应用点评：该项目是北京轨道交通车站运用 BIM 技术的尝试，在设计阶段和施工阶段中都应用 BIM 技术，在 BIM 的可视化设计和机电深化设计中有着深入的实践，并取得业主和施工单位的良好反馈。

1. 项目简介

北京地铁九号线南起丰台区郭公庄站，北至海淀区国家图书馆站。全长 16.5km，设 13 座车站和 1 座车辆段。

一期（除丰台东大街）于 2011 年 12 月 31 日开通。丰台东大街站于 2012 年 10 月 12 日开通。

二期（除军事博物馆）于 2012 年 12 月 30 日开通。军事博物馆站已于 2013 年 12 月 21 日开通。

北京地铁九号线丰台科技园站主体位于东西向的五圈路与南北向的万寿路南延道路交叉口，为地下双层岛式标准车站。

车站主体建筑面积为 10977 平方米，共设四个出入口、一个安全疏散口、两组风亭。

项目难点：设备管线复杂、排布空间狭小。

2. BIM 应用

根据轨道交通车站设计和施工的特点，制定以下应用点：

（1）可视化（复杂空间造型、建造模拟）：通过对车站的立体模型建立，为方案评审、决策工作等提供更为直观的方案展示途径。

（2）管线碰撞检查与管综设计：各专业模型建模完成后，进行不同专业之间的三维模型碰撞检查，在三维模型中修正这些碰撞，使机电各专业管线之间、管线和结构之间实现零碰撞。同时利用综合支吊架进行合理的管线排布，改变了传统管综绘图方式，提升工作效率，缩短出图时间，提高图纸准确度。

（3）三维化施工指导：利用模型文件绘制任意位置可剖切的静态及动态文件，交付给现场施工单位，进行施工安装指导。利用三维视图比传统的平面图纸直观的特点，减少安装错误率，缩短施工周期。

（4）预留孔洞和预埋件：建立三维模型的同时，配合土建专业，并且结合管线综合准确和合理地预留孔洞和预埋件，从而减少建筑、结构、设备专业频繁的设计变更，降低施工阶段成本的二次投入。

（5）工程量统计：基于完成的 BIM 模型，进行主要材料的工程量统计，如各专业主要设备、管道、管件、构件的明细表，实现各专业工程量的统计，可作为工程概预算参考使用。

（6）三维漫游：基于完成的 BIM 模型，进行车站内部三维漫游，提前感受建成后的空间形态、管线关系，做一些必要的模拟测试。

3. 软件与协同应用（表 5.35）

表 5.35 软件应用列表

软件名称	用途
Bentley AECOSim Building Designer	搭建建筑 BIM 模型
	搭建结构 BIM 模型
	搭建设备机电 BIM 模型
Bentley Navigator	三维动画、模拟分析
Bentley Clash Resolution Visa	管线综合碰撞校核

4. 模型深度

最终模型达到《民用建筑信息模型设计标准》中规定的 1.0 级至 3.0 级的深度等级（表 5.36 ）。

表 5.36　各专业的模型深度

专业	模型深度	备注
建筑专业	【 $GI_{2.0}$，$NGI_{1.0}$ 】	
结构专业	【 $GI_{2.0}$，$NGI_{1.0}$ 】	
暖通专业	【 $GI_{3.0}$，$NGI_{2.0}$ 】	非几何信息部分达到 2.0
给排水专业	【 $GI_{3.0}$，$NGI_{2.0}$ 】	非几何信息部分达到 2.0
电气专业	【 $GI_{3.0}$，$NGI_{2.0}$ 】	非几何信息部分达到 2.0

5. 交付成果

本项目无合同约定，BIM 服务的主要交付内容见表 5.37。

表 5.37　交付成果清单

交付清单	成果内容	格式
基础模型 和管综模型	建筑模型	DGN
	结构模型	DGN
	机电模型	DGN
设计校核报告	碰撞报告	Word
三维动画	车站内部漫游	Avi
工程量统计表	各专业主要构件数量统计表	Excel

（1）模型：由 Bentley AECOSim Building Designer 创建车站主体的各专业模型。成果示例见图 5.80。

（2）文档：在模型的基础上，进行各种分析报告、碰撞检查报告、优化报告等。

（3）BIM 图纸（PDF 电子图纸及纸质图纸）：由 BIM 模型创建平面及剖面的三维视图图纸。成果示例见图 5.81、图 5.82。

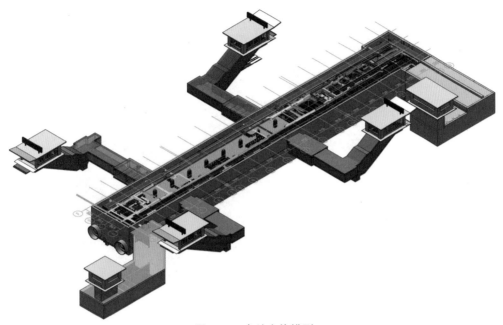

图 5.80 车站主体模型

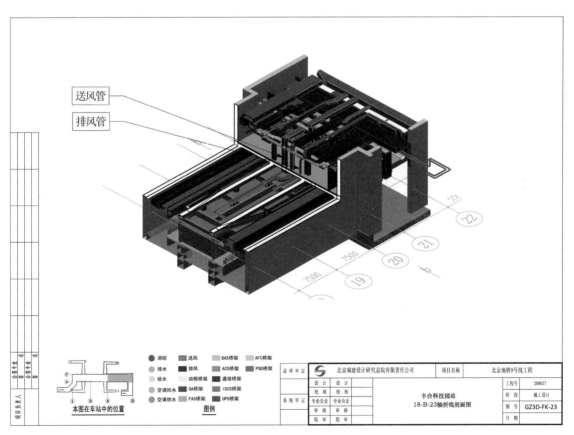

图 5.81 轴折线剖面图

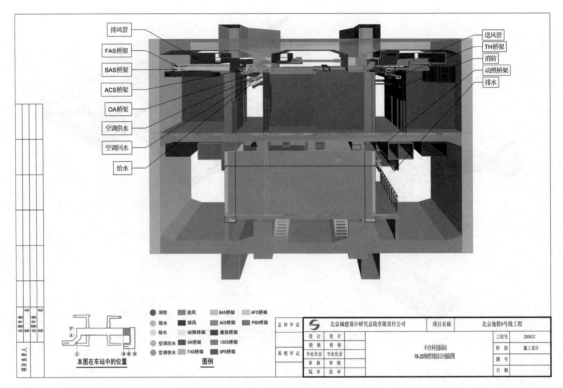

图 5.82　管线综合剖面图

（本项目由北京城建设计发展集团股份有限公司提供）

5.3　参考资料

为便于 BIM 应用者对于模型系统、文件命名、协同工作下文件夹的理解和应用，本节给出模型系统划分表（表 5.38）、文件命名常用代码表（表 5.39）及使用 REVIT 软件的文件夹结构示意。另外对建模软件也进行了简单介绍。

5.3.1　模型系统划分表

表 5.38　模型系统划分表

分类	一级系统	二级子系统（或构件）
室外工程	道路广场系统	机动车道路系统
		汽车库出入口系统
		广场系统
		人行道系统
		人行出入口系统
		自行车出入口系统
		道路照明系统

续表

分类	一级系统	二级子系统（或构件）
室外工程	红线内外线及构筑物系统	室外给水系统
		室外中水系统
		室外污水系统
		室外废水系统
		室外雨水系统
		燃气系统
		室外热力系统
		室外蒸汽系统
		室外垃圾回收系统
		室外强电系统
		室外弱电系统
	室外景观系统	种植系统
		水景系统
		景观喷灌系统
		景观照明系统
		景观硬景系统
	室外消防系统	消防环路系统
		消火栓系统
		室外水泵接合器
外维护结构	外墙系统	幕墙结构系统
		外饰面板系统
		门窗系统
		内饰面板系统
		隔热保温系统
		防水密闭系统
		防火系统
		清洗系统
		预埋件系统
		楼体照明系统
	屋面系统	面层做法
		设备基础
		雨水口

续表

分类	一级系统	二级子系统（或构件）
结构	地基基础系统	地下室外墙
		基础
		底板
	竖向结构系统	钢柱
		混凝土柱
		剪力墙
	水平楼面结构系统	钢梁
		混凝土梁
		组合楼板
		混凝土楼板
	特殊结构系统	楼梯
		坡道
		水池
		设备基础
		预埋件
建筑	非承重墙系统	防火隔墙
		砌块墙
		轻钢龙骨内隔墙
		玻璃隔墙
		轻质隔墙
		特殊隔墙
	门窗系统	普通门
		防火门
		防火卷帘门
		普通窗
		百叶窗
	楼梯系统	疏散楼梯
		公共楼梯
		钢梯
		台阶

北京
《民用建筑信息模型设计标准》编制组 编著

续表

分类	一级系统	二级子系统（或构件）
建筑	电梯系统	普通客梯
		景观电梯
		消防电梯
		普通货梯
	自动扶梯系统	支撑结构
		梯级
		扶手
		玻璃栏板
		裙板
		外装饰板
		楼层板
	汽车坡道系统	坡道
		卸货平台
	自行车坡道系统	坡道
	停车系统	
	物流系统	垃圾收纳储运
		库房
	卫生间系统	普通卫生间
		残疾人卫生间
		清洁间
		开水间
		更衣间
		淋浴间
	厨房系统	备餐间
		操作间
		洗消间
		售饭间
		库房
		粗加工

续表

分类	一级系统	二级子系统（或构件）
建筑	设备用房及井道系统	
	楼面系统	楼面装修
		楼面分格
	吊顶系统	
	内墙饰面系统	
	栏杆隔断系统	栏杆扶手
		玻璃栏板隔断
	机电设施末端系统	
	标识系统	场地标识
		室内标识
	家具系统	固定家具
		活动家具
	照明系统	室内照明系统
机电设备	暖通	冷热源系统
		空调水系统
		空调风系统
		通风系统
	给排水	生活给水系统
		中水系统
		热水系统
		直饮水系统
		污水系统
		废水系统
		雨水系统
		消防水系统
	强电系统	电力系统
		照明系统
		防雷接地系统

续表

分类	一级系统	二级子系统（或构件）
机电设备	弱电系统	火灾报警及联动控制系统
		电气火灾监控系统
		背景音乐及公共广播系统
		安全防范系统
		通信接入及综合布线系统
		有线电视及卫星电视系统
		建筑设备监控系统
		智能灯光系统
		能耗计量系统
		信息发布显示系统
		电力监控系统
		会议系统
		票务系统
		系统集成
室内装饰		
属性	几何控制系统	基础控制系统
		结构控制系统
		表皮控制系统
		装修控制系统

5.3.2　文件命名常用代码表

表 5.39　文件命名常用代码表

专业代码		系统代码（特定专业使用）			
A	建筑	建筑		设备（暖通）	
C	市政	A_MA	总图设计	M_CW	空调水系统设计
D	人防	A_SP	场地设计	M_VT	空调通风系统设计
E	电气	A_CORE	核心筒设计	M_FI	防排烟系统设计

续表

专业代码		系统代码（特定专业使用）			
F	消防	A_ST	楼梯设计		
G	总体	A_LIFT	电梯设计		
I	室内	A_SA	卫生间设计		
L	景观	A_WA_EX	外墙和窗洞口设计		
M	设备（暖通空调）	A_WA_IN	内墙和门设计		
P	设备（给排水）	A_SW	幕墙设计		
S	结构	A_FU	家具和设备		
T	弱电	结构		设备（给排水）	
BS	测量	S_FP	楼板设计	P_HP	给水系统设计
		S_WA	墙体设计	P_PP	排水系统设计
		S_NP	基础设计	P_FA	消防系统设计
X	其他				
楼层代码					
F1-99	1-99层	室内装修		电气	
B1-9	地下1-9层	I_EP	节点设计	E_LT	照明设计
SB	半地下层	I_CP	吊顶设计	E_PP	动力设计
M1	夹层	I_RP	家具设计	E_GP	接地设计
K1	车库	I_NP	完成设计	E_CP	通讯设计
P1	雨篷			E_FA	消防设计
RX	屋顶层			E_LP	防雷设计
		区段代码			
		01	建筑或区域01	ZA	区域A
		B1	建筑B1	CP	停车场
		N1	北1区	A1	户型A1
注：当夹层、雨篷、车库、地下室层多于1时，可递增数字编号		注：当项目规模大，需要分区段进行设计时，文件名中应包含分区段代码，依项目情况可以为数字或英文字母			

5.3.3　文件夹结构

1. 中央资源文件夹结构。项目样板文件、标准模板、图框、族、共享参数和其他通用数据保存在中央资源文件夹中，实施访问权限管理。

中央资源文件夹结构举例：

> 📁　　BIM 资源
> 　📁项目
> 　📁标准
> 　📁模板
> 　📁图框
> 　📁构件库

2. 本地项目文件夹结构。中心项目模型的本地副本一般不需要备份，它会与中心模型保持定期同步。本地副本应按照以下文件夹结构保存在用户硬盘上。

本地项目文件夹结构举例：

> 📁　　BIM项目　　　　　【本地项目文件夹】
> 　📁项目一　　　　　　【项目名称】

3. 项目文件夹结构。实操中可根据具体情况增删内容。

项目文件夹结构举例：

项目编号 / 项目名称

📁BIM　　　　　　　　　　　　　　　　　　【BIM 数据文件夹】

　📁01- 工作进程（WIP）　　　　　　　　　【工作文件夹 / 当前工作】

　　📁001_CAD 文件（CAD_Data）　　　　　【CAD 文件夹】

　　　📁01_ 建筑（Architecture）

　　　📁02_ 结构（Structure）

　　　📁03_ 机电（MEP）

　　　　📁01_ 暖通（Mechanic）

　　　　📁02_ 电气（Electrical）

　　　　📁03_ 给排水（Plumbing）

📁 002_BIM 模型（BIM_Models）　　　　　【BIM 模型】

　　📁 01_ 建筑（Architecture）

　　　　📁 一期（Zone 1）

　　　　　　📁 A 座（Building A）

　　📁 02_ 结构（Structure）

　　📁 03_ 机电（MEP）

📁 003_ 图纸文件（Sheet_Files）　　　　　【Dwg/ 报表文件】

　　📁 01_ 建筑（Architecture）

　　📁 02_ 结构（Structure）

　　📁 03_ 机电（MEP）

📁 004_ 输出（Expert）　　　　　　　　　【BIM 输出文件】

　　📁 结构分析模型

　　📁 绿色分析模型

📁 005_ 构件

📁 006_ 临时共享（WIP_TSA）

📁 02- 共享（Shared）　　　　　　　　　【验证共享文件夹】

📁 001_CAD 文件（CAD_Data）　　　　　【CAD 输出文件】

📁 002_BIM 模型（BIM_Models）　　　　【各专业提交的 BIM 模型】

📁 003_ 合成模型（Coord_Models）　　　【根据需要合成的 BIM 模型】

📁 03- 发布（Published）　　　　　　　　【发布文件夹】

📁 yyyydd_ 碰撞检查（Coord_Models）　　【发布子文件夹：日期 _ 描述】

📁 04- 存档（Archived）　　　　　　　　【存档文件夹】

📁 yyyydd_ 初设模型　　　　　　　　　【存档子文件夹：日期 _ 描述】

📁 05- 接收（Incoming）　　　　　　　　【接收文件夹】

　📁 业主方　　　　　　　　　　　　　【接收子文件夹：文件来自方】

　　📁 yyyydd_ 市政条件　　　　　　　【接收子文件夹：日期 _ 描述】

　📁 顾问方　　　　　　　　　　　　　【接收子文件夹：文件来自方】

🗂声学顾问	【发送方】
🗂yyyydd_声学分析结果	【接收子文件夹：日期_描述】
🗂施工方	
🗂yyyydd_施工洽商	
🗂06-资源（Resource）	【项目资源文件夹】
🗂项目标准（Standards）	
🗂项目图签（Titleblocks）	

5.3.4 常用的建模软件

不同时期由于软件的技术特点、应用环境以及专业服务水平的不同，设计企业选用的 BIM 建模软件有很大的差异，我们根据现阶段设计行业 BIM 应用的基本现状，归纳出当前民用建筑设计主要使用的建模软件。

常见建模软件如图 5.83。

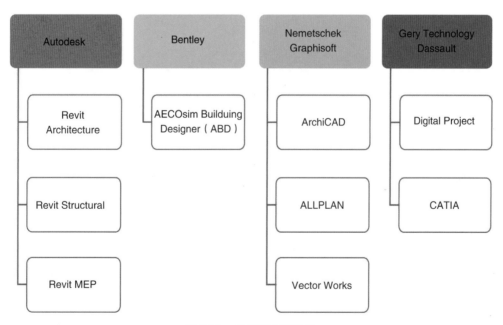

图 5.83　常见的建模软件

1. Autodesk Revit 建模软件。Revit 是一系列软件，包括建筑、结构和机电，主要用于设计阶段各专业的模型创建，目前 BIM 实施过程中，能利用模型进行相关分析，能较为成熟地与分析软件数据交换。

2. BentleyABD 建模软件。AECOsim Building Designer（ABD）是多专业建筑设计 BIM 软件。Bentley 系列产品在工业设计和市政基础设施领域应用较多。

3. ArchiCAD、AllPLAN、VectorWorks 产品。其中，ArchiCAD 作为建模软件，建筑专业应用较多。

4. CATIA 产品以及 Digital Project 产品。在行业内较多用于复杂建筑形体外表皮的设计及优化、幕墙参数化设计。Digital Project 是在 CATIA 基础上开发的一个专门面向工程建设行业的应用软件。

（以上资料仅供参考）